ÉTUDES ÉLÉMENTAIRES

SUR

LE COTON

PAR

LOUIS DESCHAMPS

AVEC UN DESSIN DE M. A. FAGUET

et quatre planches dessinées par l'Auteur et gravées par M. Picart

ROUEN

IMPRIMERIE DE ESPÉRANCE CAGNIARD

rues Jeanne-Darc, 88, et des Basnage, 5

1885

ÉTUDES ÉLÉMENTAIRES SUR LE COTON

Cotonnier.

1. Capsule ouverte. 2. Groupe de graines. 3. Graine isolée coupée. 4. Jeune fruit avec le ver de l'Heliothis armigera.
5. Aletia argillacea. 6. Sa chenille ou ver du coton.

ÉTUDES ÉLÉMENTAIRES

SUR

LE COTON

PAR

LOUIS DESCHAMPS

AVEC UN DESSIN DE M. A. FAGUET

et quatre planches dessinées par l'Auteur et gravées par M. Picart

ROUEN

IMPRIMERIE DE ESPÉRANCE CAGNIARD

rues Jeanne-Darc, 88, et des Basnage, 5

—

1885

PRÉFACE.

Si nous avions pu trouver, pour cet ouvrage, un titre plus modeste encore que celui sous lequel nous le présentons aujourd'hui au public, nous l'eussions certainement choisi. En écrivant les pages qui suivent, nous n'avons pas eu, en effet, la prétention de composer un traité didactique sur le coton ; nous avons cherché seulement à condenser, sous une forme facile à suivre, les notes prises, au cours de nos lectures, dans divers ouvrages français et anglais.

A l'origine, ce travail n'avait pour but que l'instruction personnelle de l'auteur, et ne devait pas être livré à l'impression ; il serait, sans doute, toujours resté inédit, si nous n'avions été amené à vaincre notre répugnance naturelle pour la publicité par les considérations suivantes.

Pour quiconque suit d'un œil attentif la marche de l'industrie cotonnière, son importance toujours croissante, les efforts faits par les pays producteurs pour développer la culture de la matière première, l'énergie déployée par l'Angleterre et par d'autres pays pour en absorber toute la production, et distribuer à nouveau dans l'univers, en filés et tissus, le coton reçu à l'état brut, il est impossible de ne pas admirer d'abord tant d'activité, et ensuite de ne pas se demander où s'arrêtera cette concurrence effrénée des nations se disputant le marché du monde.

La concurrence industrielle et commerciale est l'une des formes de cette lutte pour l'existence, à laquelle les nations sont astreintes, aussi bien que les individus; et ce n'est pas chose égale à un peuple, quoique prétendent certains économistes, de recevoir du peuple voisin des produits manufacturés ou de les manufacturer soi-même.

La balance du commerce, tournée en ridicule par ces soi-disant savants, est une réalité, brutale comme les chiffres, et qui finira par s'imposer aux plus entêtés. L'Angleterre, qui s'en va par les mers, chantant les bienfaits du libre-échange, ne consacre-t-elle pas tous ses efforts à ce que cette balance du commerce se solde toujours en sa faveur, et à ce que les autres nations, obligées de prendre chez elle le produit de ses manufactures, restent ainsi ses débitrices?

Produire non-seulement pour soi, mais pour les autres, telle est donc la loi. Produire bon et à bon marché, telle en est la conséquence.

Le temps n'est plus, où l'industrie pouvait, sans souci du lendemain, suivre les errements de la veille, et, grâce à un travail uniforme, dont rien ne venait troubler la quiétude, compter sur un bénéfice faible, mais constant, et sur une aisance assurée. A mesure que la concurrence s'est plus vivement fait sentir, l'industriel s'est vu obligé à risquer d'abord une partie de sa fortune dans des entreprises qui, de jour en jour plus importantes, absorbent par là même des capitaux de plus en plus difficiles à réunir, puis à y consacrer tout son temps, toute son intelligence, et à connaître de son état non-seulement la partie commerciale, mais encore, et à fond, la partie matérielle et technique. Bien plus, ce besoin d'instruction professionnelle et spéciale, indispensable à l'industriel qui veut mériter ce nom, devient également nécessaire au directeur et aux contre-maîtres appelés à travailler de leurs propres mains une matière première donnée et à diriger un nombre considérable de machines, dont les organes sont, il est vrai, incessamment perfectionnés, mais réclament précisément, pour être bien réglés et intelligemment conduits, d'autant plus d'instruction et de connaissances spéciales.

C'est afin de répondre à ce besoin d'instruction devenu pressant et impérieux que s'élèvent chaque année, dans les villes industrielles d'Angleterre et d'Allemagne, de nombreuses écoles techniques. Là, sous la direction d'hommes instruits et praticiens, se forme tout un personnel de jeunes patrons, de directeurs et de contre-maîtres, véritable état-major de la grande armée industrielle, dont les efforts intelligents doivent faire plus, un jour, pour leur pays, que le succès d'une campagne ou la réussite de telle ou telle politique.

La France est pauvre en écoles de ce genre. La plus illustre de toutes n'est plus française aujourd'hui, et celle qui, dans notre ville même, en avait reçu le lourd et glorieux héritage, vient de disparaître à son tour; avec quelle tristesse de notre part, nous ne saurions le dire. Les récriminations sont maintenant

superflues; nous ne pouvons que constater une chose :
Au moment où, chez les nations rivales, les sacrifices les plus considérables sont faits pour assurer
le développement de l'instruction technique, qui est
indispensable à l'avenir industriel du pays, nous,
en France, nous laissons tomber nos écoles, fermer
nos cours spéciaux.

Il ne serait plus question aujourd'hui de l'École de
Rouen, si le Gouvernement de la République n'était
venu lui tendre la main et l'empêcher de disparaître
tout à fait. La nouvelle École aura-t-elle plus de
succès? Nous le souhaitons ardemment; mais les fils
des maîtres sont bien insouciants de s'instruire, et les
fils des contre-maîtres bien dédaigneux de la profes-
sion paternelle!

Les uns n'ont guère d'ambition, les autres en ont
trop; aucuns ne s'instruisent des choses de leur état,
et, malgré tant de sacrifices faits pour elle, notre
jeunesse industrielle se trouve ainsi ramenée à l'état
primitif d'ignorance et d'impuissance.

Pour peu que les choses continuent ainsi, l'industrie
cotonnière (et nous n'avons qu'elle à considérer ici) se
verra bientôt soumise à une condition certaine d'infériorité. Il sera facile alors à ses ennemis habituels, les

savants économistes et les fins politiques qui ont la mission de confectionner des traités, de prouver que la filature française, le tissage français, la teinture et l'impression françaises se trouvant dans des conditions moins bonnes que celles des industries étrangères, doivent leur être sacrifiés, et leur suppression définitivement décrétée.

Eh bien ! qu'on nous permette cette naïveté : nous avons voulu protester contre cette singulière tendance de nos gouvernants, qui, à quelque régime qu'ils appartiennent, prennent toujours à cœur de favoriser le travail étranger au détriment du travail national ; nous avons voulu déclarer que, si l'industrie française succombe sous la concurrence du dehors, ce n'est point par manque de travail, de sacrifices, ni d'efforts de la part de ceux qui la dirigent ; nous avons voulu, enfin, apporter notre contribution, quelque peu de valeur qu'elle ait, à cette question de l'instruction technique, trop négligée par ceux-là mêmes qui auraient le plus d'intérêt à en profiter.

Nous ne saurions nous étendre plus longtemps sur cette matière, qui ne se rattache qu'indirectement à notre sujet, et nous terminerons cette préface en faisant appel à toute l'indulgence du lecteur pour les erreurs et les lacunes qu'il pourrait trouver dans ce livre. Les opinions que nous avons émises sont presque toujours tirées des auteurs les plus compétents ; quant à nos expériences personnelles, nous les avons faites avec le plus grand soin. Nous serions heureux que les indications que nous donnons en particulier sur l'étude micrographique de la fibre fussent de quelque utilité et engageassent certains industriels à faire connaissance avec le microscope. Il n'est pas douteux que, si l'emploi en devenait plus général, nos idées sur la matière première s'en trouveraient grandement modifiées. La connaissant mieux, nous la travaillerions mieux, et l'industrie bénéficierait ainsi directement de cette notion plus exacte de l'objet de son travail.

Cinq planches ornent cet ouvrage. La première est due à l'extrême obligeance et au grand talent de M. A. Faguet. C'est un devoir et un plaisir pour nous de l'en remercier ici. Les quatre autres ont été dessinées par nous-même au microscope, à l'aide de procédés d'une exactitude rigoureuse, et nos dessins sont reproduits par la taille-douce avec une fidélité et une habileté que les amateurs de belle gravure sauront apprécier.

Tout ce que nous avons pu faire pour rendre cet

ouvrage utile et acceptable, nous l'avons tenté. Si nous sommes resté au-dessous de la tâche, le lecteur voudra bien nous tenir compte de nos efforts et de notre bonne volonté.

CARACTÈRES BOTANIQUES

DU COTONNIER.

Le cotonnier est l'un des trente-deux genres qui composent la famille des Malvacées. Son nom générique est *Gossypium*, nom sous lequel il était déjà désigné, au 1er siècle de notre ère, par Strabon et Pline le Naturaliste.

Grâce aux variations de climat et de culture, le cotonnier se subdivise en variétés multiples; de là vient qu'après Linnée, qui n'en reconnaissait que six espèces, de Candolle en détermina seize, Rohr en énuméra trente-quatre, et d'autres auteurs ont même parlé d'une quarantaine de sortes. Que conclure de cette confusion, sinon, avec de Candolle, que le cotonnier réclame, de la part des botanistes, une étude plus approfondie? Nous ajouterons qu'une classification exacte devient de plus en plus difficile.

En effet, les caractères différentiels du cotonnier sont remarquablement peu précis. L'on a cherché à déterminer ces caractères d'après les feuilles, les stipules, les glandes, les fleurs et leurs taches, la couleur, les poils de la tige et la durée de la plante; mais, sur le même arbre, les feuilles sont différentes, et présentent, ici, un lobe de plus, là, un lobe de moins. Quant aux glandes, on en trouve sur tous les cotonniers; mais, sur la même plante, certaines feuilles n'en ont qu'une, d'autres en ont deux ou trois. Les stipules sont généralement uniformes et suivent la même direction. La couleur, les taches des fleurs, les poils de la tige sont trop variables pour servir à la détermination de caractères différentiels. La durée même de la plante n'est pas constante dans la même espèce : tel cotonnier, cultivé à Malte comme plante annuelle et transplanté en Espagne, y devient perannuel et donne des pousses pendant huit ou dix années. Ajoutons qu'une même semence peut donner, suivant les climats, des arbustes ou des arbres, et qu'une graine qui, dans les pays tropicaux, donnerait naissance à un arbre de 7 m. de hauteur, ne produira jamais qu'un arbuste en Sicile, en Italie ou dans le midi de la France.

Enfin, le mélange des graines est venu mettre le comble à cette confusion, et empêcher, à tout jamais peut-être, les botanistes d'arriver à une classification satisfaisante.

De tous les auteurs qui ont étudié cette difficile question, l'un des plus compétents et le plus complet est le Dr Forbes Royle, qui, dans son *Traité de la culture du coton aux Indes*, décrit, avec le soin le plus minutieux, les variétés nombreuses de cotonniers que sa situation officielle et un long séjour aux Indes lui ont permis d'étudier sur place. Après lui, le professeur Parlatore, dans un ouvrage richement illustré, décrit surtout les cotonniers qu'il a vu cultiver en Italie. Sa classification générale de la plante ressemble plutôt à une indication géographique des lieux de culture ou d'origine qu'à une détermination rigoureuse des espèces. M. Todaro, dans une monographie illustrée

aussi avec luxe, décrit trente-quatre variétés et sous-variétés dont la plupart ne présentent qu'un intérêt restreint.
Bentham et Hooker réduisent à trois les espèces connues
du cotonnier. Il en est de même du Dr Bowman ; mais
celui-ci, chose étrange, se contente de reprendre la classification ancienne et peu scientifique de Baine, et de diviser
les cotonniers en *arbustes, arbrisseaux, arbres.*

Sans nous attarder à discuter ces différents systèmes,
nous adopterons la classification indiquée par M. I. Watts,
et adoptée également par le Dr G. Pennetier, dans ses
savantes *Leçons sur les matières premières.*

Dans un court travail publié en 1877, M. I. Watts,
s'appuyant sur les recherches du colonel Trevor Clarke,
déclare qu'il y a deux grandes divisions-types du cotonnier ; que leurs différences spécifiques sont peu nombreuses, mais très caractérisées, et qu'il est impossible de
les confondre. Ces deux cotonniers-types sont le *cotonnier asiatique* et le *cotonnier américain.*

La graine du premier n'est jamais noire ni lisse, et la
courbure que décrit la feuille, à la base de ses lobes, n'est
pas en forme de cœur ou de lance, comme sur la plante
américaine, mais elle est toujours formée de deux courbes
de sens et de direction opposés. De plus, dans le véritable
cotonnier asiatique, les fleurs ne sont que d'une seule
nuance et n'offrent point de taches pourpres à la base des
pétales. La tige et les branches sont plus minces et rondes,
tandis que, dans l'autre espèce, la section des tiges, au
lieu d'être cylindrique, est polygonale.

Ces deux familles de cotonniers ne se peuvent confondre
l'une dans l'autre, mais elles fournissent toutes deux des
variétés infinies, offrant entre elles des rapprochements
curieux, sans que jamais, si multipliés que soient les

essais de croisement, elles aient rien perdu des caractères distinctifs et permanents de leur race. Ainsi, les espèces occidentales sont susceptibles de se croiser entre elles et de donner d'excellentes qualités, surtout si on les féconde avec le « Sea-Island » comme mâle ; mais il est impossible de croiser véritablement le cotonnier américain et le cotonnier à petites feuilles des Indes, tant leur constitution est différente ! Aussi, peut-on donc cultiver indéfiniment les deux plantes côte à côte, sans craindre que la semence de l'une détériore l'autre et l'amoindrisse. Au bout d'un temps très long et après des croisements répétés, l'une et l'autre auront conservé leur virginité.

COTONNIER ASIATIQUE.

Le cotonnier asiatique peut se diviser en deux espèces principales : le *Gossypium Arboreum* et le *Gossypium Herbaceum*.

D'après certains auteurs, les espèces sauvages qui croissent sans culture dans le Sindh et dans l'île de Ceylan ne sont que des variétés du G. Herbaceum.

Le G. Arboreum est une des plantes sacrées des Indous qui ne le cultivent que dans les jardins et autour des temples, sous le nom de « Nurmah » ou « Deo Parati ». Les fibres servent aux Brahmines à faire le fil à trois brins, image de la Trinité Indoue ; il n'est jamais employé pour les vêtements communs, mais presque exclusivement pour les tissus sacrés et pour les turbans. Sans doute, la dénomination de G. Arboreum a été donnée indistinctement par plusieurs botanistes aux cotonniers perannuels et de dimension plus grande, que l'on trouve soit en Orient, soit au Brésil et au Pérou. Le « Nurmah » est le seul dont les caractères parfaitement nets et permanents méritent la désignation d'espèce.

Le G. Arboreum est une belle plante robuste, de 5 m. à 7 m. de hauteur, bien caractérisée par ses fleurs rouge sombre, par ses fibres courtes, par ses graines duveteuses et d'une nuance vert foncé qui les fait ressembler aux graines d'Amérique. Les feuilles et les jeunes pousses sont aussi teintées d'une nuance pourpre qui suffirait seule à distinguer l'espèce. La blancheur et la flexibilité de son duvet en feraient l'une des sortes les plus estimées, s'il n'était trop court et si la culture n'en était pas si restreinte.

Le cotonnier asiatique est, à proprement parler, le G. Herbaceum qui s'est subdivisé en une variété infinie de formes. Sa tige est celle d'un arbrisseau, variant en hauteur, suivant les contrées, de 0 m. 50 à 2 m. ; sa fleur est jaune, ses graines sont peu nombreuses, mais le duvet y adhère fortement. De toutes les espèces de cotonniers, c'est l'une des plus robustes et celle qui peut se développer sous les latitudes les plus élevées ; aussi la variété la meilleure et la plus ancienne est celle cultivée autrefois exclusivement dans le Levant et les îles de l'Archipel.

C'est à cette variété que Linnée a donné le nom de G. Herbaceum, la considérant comme le type ou « varietas princeps » de l'espèce.

C'est à la même variété que, d'après le Dr Forbes Royle, il faut rapporter l'origine des cotons de Perse et de Chine.

Dans l'Inde même, la multiplicité des sortes est telle que nous ne saurions les énumérer ici. Les principales sont : le coton de Dacca, qui donnait les fils si fins destinés à ces tissus légendaires de l'Inde que l'on a comparés aux toiles de l'araignée, et le « Berari » ou coton de Berar, dont les sous-variétés, répandues dans toute l'Inde centrale, nous donnent les «Hingenghaut», aujourd'hui la tête des cotons de l'Inde, et les « Oomraw », souvent plus fins et plus nerveux que les sortes ordinaires d'Amérique. La sorte appelée « Bunnee » croît dans les mêmes districts et paraît une plante plus robuste, mais elle donne jusqu'à présent des produits inférieurs. La région située au nord-ouest a ses espèces particulières et variées, appropriées à leur climat, mais aucune d'elles n'est comparable aux belles sortes des provinces centrales. On leur donne quelquefois le nom générique de « Jurree »; la plus estimée est celle des districts de Jumbooser, Ahmoda, Broach et Surat, où elle porte le nom indigène de « Kann » ou « Lalliah ». Le sol noir du Guzerat, mélangé de sable, convient particulièrement à ce cotonnier; il est à tiges divergentes, et dépasse rarement 1 m. 50 de hauteur. Lorsque le coton est mûr, les capsules s'entr'ouvrent parfaitement pour se resserrer ensuite et se dessécher. Le coton reste ainsi suspendu aux débris de la capsule; il est abondant, doux, blanc et de bonne qualité.

Dans les districts à l'ouest du golfe de Cambaye et de la péninsule de Kattyavar, dans le Cutch, et surtout à Dhollerah et à Bhownuggur, se cultivait une autre espèce appelée « Wagriah », dont le caractère a été sensiblement amélioré par des croisements avec les graines américaines. Les capsules de cette espèce, au lieu de s'ouvrir, restent fermées, avec une petite ouverture à l'extrémité, et il faut un certain effort pour retirer le duvet et les graines des capsules. De plus, au lieu de tiges divergentes, la plante n'a qu'une seule tige droite, d'une hauteur de 1 m. à

1 m. 50. Le coton de cette espèce est généralement inférieur à celui des espèces précédentes.

Dans la péninsule, il y a au moins deux variétés distinctes de la plante commune : l'une est l' « Opum », et l'autre est le « Naddum ». L' « Opum » est une plante annuelle, qui croît le mieux dans les terres noires du « regur », et dont le produit ressemble aux Uplands d'Amérique. Son nom est « Opum-Purthee », c'est-à-dire « coton vent de mer », parce que les capsules ne s'entr'ouvrent qu'après l'arrivée des vents de mer.

Le « Naddum » est une plante trisannuelle, qui croît sur les terrains rouges et de qualité inférieure. Elle est assez peu productive; le duvet s'égrène et se nettoie difficilement. Pour faire passer ces cotons, on les mélange fréquemment aux sortes meilleures et à l' « Opum ».

Enfin, à l'exposition de 1851, deux nouvelles sortes firent leur apparition. L'une est le « Cachar », qui paraît identique au cotonnier de Chine, mais donne de larges capsules d'un coton fort et dur; l'autre est l' « Assamese », venant de l'Assam et des monts Garro, où il donne des capsules encore plus grandes et un coton également plus dur. Croisée avec l' « Hingenghaut », cette variété curieuse, que la dureté de ses fibres rendait inutilisable, a subi une transformation extraordinaire et fournit un coton très acceptable.

Il n'est pas d'auteur jusqu'à présent qui n'ait parlé du G. Religiosum. Si nous en croyons le colonel Trevor Clarke, ce cotonnier n'existe pas, et il est probable que le nom en a été donné à un cotonnier quelconque aux fibres brunes ou rouges, par un élève de Linnée, qui ignorait sans doute que la plupart des cotonniers, y compris même le « Nurmah », peuvent produire occasionnellement des fibres brunes aussi bien que des blanches.

COTONNIER AMÉRICAIN.

De même que le cotonnier d'Asie, celui d'Amérique se subdivise en deux grandes branches, qui sont : le *G. Bar-badense* et le *G. Hirsutum*.

Il se distingue d'une manière générale de l'espèce asiatique par une plus grande hauteur, par son aspect luxuriant et vigoureux, par ses jeunes pousses serrées, à section polygonale, remplies de sève et donnant à toute la plante l'apparence d'une forme plus élevée et plus complète de la végétation. De même que les espèces asiatiques, les deux espèces américaines varient à l'infini de formes et de caractères. Certaines variétés sont précoces, les autres sont tardives ; les unes fleurissent après trois mois de plantation, les autres demandent un délai plus long, mais aussi restent productives plus longtemps. A proprement parler, toutes sont perannuelles, la seule différence au point de vue pratique étant que, dans les climats tempérés, les espèces qui rapportent tôt peuvent être plantées au printemps et récoltées avant les premières gelées, tandis que les espèces plus tardives sont détruites par la gelée avant d'être arrivées à maturité. Il importe donc au planteur, surtout à mesure qu'il avance vers le nord, de bien choisir ses graines suivant le climat et le terrain où il devra les cultiver.

Nous avons dit que le coton des États-Unis est presque exclusivement fourni par le G. Barbadense et le G. Hirsutum. Quelques auteurs y ajoutent le G. Peruvianum ou Acuminatum, dont les graines offrent bien des caractères particuliers, mais non permanents, et qui, à ce titre, ne peut avoir droit au nom d'espèce.

Le G. Barbadense est une plante perannuelle de 2 m. à 4 m. de hauteur, dont les graines, au nombre de huit ou dix par capsule, sont oblongues, noires, lisses, et ne sont couvertes que d'une seule espèce de duvet, long, fin, soyeux et peu adhérent. La fleur est d'un beau jaune clair, avec des taches rouge-pourpre à la base des pétales, et elle a la forme d'un calice. La capsule est marquée de petites bosses ou dépressions glandulaires qui sont l'un des caractères de l'espèce; enfin la plante entière est lisse, sans aucuns poils.

Le G. Hirsutum, que le Dr Forbes Royle, et, avec lui, un certain nombre de botanistes semblent regarder comme une variété du G. Barbadense, en est au contraire parfaitement distinct par le velu des jeunes pousses et des pétioles, par sa capsule unie et lisse à la surface, sans dépressions, par sa fleur qui est blanche ou d'un rose pâle, à taches foncées cependant dans quelques variétés, et complètement ouverte, enfin, par ses graines qui sont vertes et que recouvre, en plus des fibres ordinaires, une couche de duvet très fin et très court.

Nous devons ajouter, toutefois, que l'apparence de la graine ne suffirait pas pour distinguer à première vue les deux espèces, parce que les graines noires sont aussi recouvertes quelquefois d'une petite touffe de duvet à une extrémité ou aux deux, et parfois même, mais très rarement, sur toute leur surface; tandis que, de leur côté, les graines du cotonnier velu se rencontrent lisses ou noires, par suite d'une mauvaise culture ou d'une dégénérescence de la plante. Ce sont ces changements singuliers de caractères dans la graine qui ont fait croire aux botanistes cités plus haut que le climat, le terrain, le mode de culture pouvaient transformer une espèce en l'autre. Des expériences récentes, poursuivies pendant plusieurs années, ont démontré, au contraire, qu'il n'y a pas transformation, et que chacune des deux espèces conserve intacts ses caractères propres, même après plusieurs générations.

Il est donc facile de s'expliquer comment, la désignation de G. Barbadense ayant été appliquée par Linnée à l'une des sortes à graines noires des Indes occidentales, sans que l'on sût exactement à laquelle de ces sortes cette dénomination avait été appliquée, certains botanistes ont confondu sous ce nom le G. Barbadense et le G. Hirsutum. Le premier, lorsqu'il est transplanté dans l'intérieur et dans des terres sèches, peut se transformer en une variété à graines vertes ; les fibres diminuent de qualité, mais la plante n'en conserve pas moins ses véritables caractères botaniques, et le coton qu'il produit est toujours le « Sea-Island » diminué et amoindri.

Le G. Hirsutum semble avoir été connu en Italie en même temps qu'en Amérique et peut-être même avant. Il se subdivise en deux variétés : l'une, plante vivace à graines vertes ; l'autre, plus délicate, réussissant mieux dans les États du Sud, donnant des fibres plus longues et plus soyeuses, mais à graines grisâtres : c'est le « Louisiane. » On dit cette variété originaire du Mexique. Quoi qu'il en soit, d'après M. Forbes Royle, les bons planteurs, afin d'éviter la dégénérescence de leurs plantes, auraient soin de changer leurs graines de temps en temps, et, pour cela, en importeraient de nouvelles du Mexique, le pays d'origine. M. J. Lymann signale aussi la nécessité de cette amélioration des semences. Or, chose curieuse, la dégénérescence serait marquée par le changement des graines,

grisâtres d'abord, en graines noires, similaires de celles du
« Sea-Island » ; elles perdraient, avec leur couleur, le
duvet velu qui les recouvre ; mais, autrement, elles con-
serveraient tous les caractères distinctifs du G. Hirsutum.

New-Orleans.

Sous ce nom, le colonel Trevor Clarke a désigné la variété
américaine qui avait reçu, à tort, le nom de G. Herbaceum, lequel doit être uniquement réservé à la plante
asiatique. Les caractères distinctifs sont ceux-ci : la plante
plus faible de constitution et de taille que les G. Barbadense ou « Sea-Island », est excessivement prolifique et a
une tendance à fleurir de très bonne heure, les capsules des
principales branches latérales arrivant à maturité trois ou
quatre mois après l'ensemencement. Les graines sont blan-
châtres et foncées à la pointe ; quelques-unes sont complètement recouvertes de duvet. Cette espèce dégénère
promptement, surtout lorsqu'on ne la cultive pas comme
plante annuelle.

L'une des sous-variétés les plus remarquables est le
« Cuba Vigne Cotton ». La capsule en est énorme et contient parfois quatorze graines dans chaque lobe, et comme
il y a généralement cinq lobes, la capsule épanouie est
superbe à voir. Les fibres sont plus dures au toucher que
celles des « New-Orleans ». Le nom de « vigne », donné
à cette variété, tient à ce qu'on l'a rencontrée sous forme
de plante rampante, le poids des premières branches les
entraînant vers la terre, d'où sortent alors de nouveaux
rejetons qui s'entrelacent les uns les autres. La forme des
feuilles prête aussi à la ressemblance. Vient enfin le
G. Acuminatum, appelé encore par d'autres botanistes
Peruvianum ou Brasiliense, et, communément, « Kidney

Cotton » ou « coton à rognons », à cause de la singulière disposition de ses graines, noires et lisses, mais reliées l'une à l'autre. C'est une belle plante de 3 m. à 5 m. de hauteur, à grandes fleurs jaunes, à capsules longues, ovoïdes à la base et pointues à l'extrémité. Cette espèce, qui a été fréquemment introduite aux Indes et qui s'y est assez bien développée dans certaines parties, est très productive. Les fibres sont adhérentes aux graines, mais fines, longues et blanches. L'on reçoit parfois de Parahyba des variétés de ce coton avec graines très velues, ou avec des fibres jaune-beurré ou rouges.

On cultive enfin, au Brésil et au Pérou, le « Criollo », espèce à larges graines, noires et lisses. Quand ce coton vient du Pérou, on l'appelle « Payta », du nom du port d'embarquement; au Brésil, il prend le nom des provinces où il est cultivé, conjointement avec le coton du pays.

Telles sont les notions imparfaites que nous possédons jusqu'à ce jour sur les principaux caractères du cotonnier. A ceux qui n'y trouveraient point une classification assez nette, des définitions assez précises, nous ferons observer qu'en plus des difficultés signalées au commencement de ce chapitre, il n'avait pas encore été donné au botaniste d'étudier croissant à côté l'une de l'autre, et avec les graines des pays d'origine, les nombreuses espèces des divers continents. Ce rêve, car ce semblait en être un, vient d'être réalisé à l'exposition d'Atlanta.

Là, autour des bâtiments de l'exposition, et environnées des magnifiques plantations américaines, se rencontraient toutes les variétés de cotonniers connus, chacune d'elles montrant ses caractères particuliers et sa physionomie spéciale. Auprès du cotonnier arborescent de 3 m. à 4 m. de hauteur, aux grandes fleurs rouges, se voyaient les petites tiges de 0 m. 50 du cotonnier à fleurs blanc bleuté;

à côté du cotonnier chinois, l'on remarquait le cotonnier du Pérou avec ses fleurs d'indigo et ses petites capsules, le cotonnier des Indes à l'aspect tropical et aux fruits imparfaitement développés. Nous espérons que cette occasion rare, donnée aux savants américains, d'examiner comparativement presque toutes les espèces cultivées du cotonnier, les aura aidés à éclairer d'un jour nouveau l'étude encore confuse de ses relations botaniques.

CULTURE DU COTONNIER.

PARASITES ET MALADIES DE LA PLANTE.
CUEILLETTE ET ÉGRENAGE.

Culture du Cotonnier. — L'étude de la plante elle-même dans les différentes phases de son existence doit nous occuper maintenant. Cette étude se compose d'éléments très variés qui donnent à l'être sa physionomie complète et réelle, et déterminent ce qu'un auteur a justement appelé sa « silhouette végétale ».

Le cotonnier se cultive sur différents points du globe, dans une zone dont la limite est le 40° parallèle. De Humboldt a remarqué que, pour les G. Barbadense, Hirsutum et Arboreum, le climat le plus favorable est celui situé en deçà du 34° de latitude, où la température moyenne de l'année est de 20° à 30°; mais que le G. Herbaceum peut encore être cultivé avec succès dans la zone tempérée, avec une température estivale moyenne de 25° et une température hivernale minima de 10°.

Toutefois, lorsque les chaleurs d'été deviennent excessives, elles sont plus redoutables, pour le cotonnier, dans les pays tempérés que dans les régions tropicales. Sous les tropiques, les chaleurs sont uniformes et suivies de la rosée et de la fraîcheur de la nuit, de sorte que les jeunes pousses ne sont pas tuées par le soleil; tandis que, dans les pays exotiques, elles sont plus sensibles à une action trop vive du soleil. C'est à ces chaleurs excessives que les États cotonniers de l'Amérique durent le déficit de la saison cotonnière de 1881, où, pour 760,000 acres plantés en plus de la saison précédente, la récolte donna 1,153,484 balles de moins. Les chaleurs du mois d'août desséchèrent le sol et brûlèrent la plante, dans les États atlantiques surtout, où les planteurs ne remuent la terre que superficiellement par un labour de 4 à 5 pouces de profondeur.

Le cotonnier ne craint donc pas la chaleur, pourvu que celle-ci soit tempérée par une quantité suffisante d'humidité. C'est particulièrement pendant les premiers temps de sa végétation que des pluies fréquentes et une atmosphère chargée d'eau favorisent le plus son développement; mais, lorsque la saison devient pluvieuse et que l'humidité continue, la plante pousse en bois sans donner de fruit, de même que trop de sécheresse donne une plante rabougrie et une récolte maigre en qualité et en quantité.

Les plantations qui produisent le meilleur coton sont généralement celles situées sur les côtes et dans le voisinage de la mer; c'est ainsi que le plus beau de tous les cotons a reçu le nom de « Sea-Island ». Il provient des îles qui longent les rivages de la Géorgie et des deux Carolines, et aussi des côtes mêmes de ces États. La même graine, semée à l'intérieur des terres, n'y donne plus qu'un coton ordinaire, moins fin et moins nerveux. Tel est aussi le cas des beaux cotons des Indes occidentales, de l'Égypte et de l'Inde anglaise, où le cotonnier prospère d'autant plus qu'il peut recevoir la bienfaisante influence des sels de l'atmosphère et du sol. « La seule exception à cette règle, dit M. Ellison, est le Brésil, où le cotonnier ne réussit qu'à l'intérieur des terres. Cela est dû au temps extraordinairement pluvieux qui règne le long de la côte pendant un tiers et plus de l'année ». Si favorable, en effet, que soit le sol à la culture du cotonnier, le climat doit, lui aussi, se prêter aux exigences de sa végétation.

D'observations comprenant une période de trente-deux ans et s'appliquant au 31° 40′ de latitude nord, on a déduit les dates suivantes :

Dernières gelées du printemps........ 23 mars.
Premières gelées d'automne......... 26 octobre.
Temps moyen entre les deux gelées .. 7 mois 3 jours.
Temps moyen de la floraison........ 5 juin.

En général, l'on peut dire que plus longue est cette période entre les deux gelées et plus considérable est la récolte. Aussi, chaque année, certains spéculateurs s'empressent-ils de faire grand bruit de ces premières gelées, qui, à les entendre, sont la mort du cotonnier. La chose n'est heureusement pas exacte.

D'abord, il pourrait neiger dans toute la vallée du Mississippi, par exemple, sans que toute la zone du coton se trouvât soumise à un froid intense. Dans un pays aussi vaste que les États-Unis, la disposition topographique différente des diverses provinces amène naturellement des conditions climatériques différentes. De plus, les premières gelées arrêtent bien la sève de la plante et empêchent la végétation de continuer, mais elles hâtent aussi l'ouverture des capsules, et les fibres, plutôt exposées à l'air et à la lumière, mûrissent d'autant mieux.

Quant aux pluies, utiles dans les premiers temps de la végétation, comme nous l'avons vu, elles peuvent, lorsqu'elles continuent ou se produisent au moment de la floraison, compromettre l'avenir de la plante ; dans l'arrière-saison elles sont souvent sans importance, parce que la plante est robuste alors et le soleil encore puissant. Le plus grave inconvénient qu'elles puissent offrir est d'empêcher la cueillette, comme cela a eu lieu en 1880, où près de 600,000 balles sont restées à pourrir dans les champs.

Ajoutons qu'il y a une saison de pluies régulières aux équinoxes de printemps et d'automne (fin mars et fin septembre). Les pluies de mars font germer les plantes et celles de septembre favorisent leur développement complet. Si ces dernières détruisent des cotons épanouis, en revanche elles font pousser de nouvelles capsules; de là les trois ou quatre cueillettes successives qui se prolongent parfois jusqu'aux derniers jours de janvier.

La culture du cotonnier a subi de nombreuses variations, bien qu'aux États-Unis même elle soit encore rudimentaire et basée plutôt sur la routine et les anciens errements que sur une méthode rationnelle et scientifique; toutefois, comme c'est encore dans cette contrée que le coton est cultivé avec le plus de soin et avec les meilleurs résultats, c'est la culture américaine que nous allons étudier dans ses détails.

Le travail du labourage se fait au printemps, et, aussitôt que le permet la saison, vers la fin de février. Les fortes gelées sont passées, et les hautes terres, ainsi que la plupart des vallées, sont prêtes pour un premier labourage, lequel a pour but, ou de débarrasser la terre des tiges et racines de cotonniers de la saison précédente, ou de briser les sillons et d'en varier l'écartement, quand la récolte antérieure a été faite en blé ou autres graines. L'ensemencement a lieu en avril; un peu plus tôt dans les terres chaudes et sèches du sud, un peu plus tard lorsqu'on remonte vers le nord. Parfois, les pluies excessives, les inondations, les froids prolongés, retardent l'ensemencement dans certaines contrées jusqu'au mois de mai; mais tout retard à partir de cette époque est autant de temps enlevé à la cueillette, car la plante n'en prend pas moins ses quatre mois à quatre mois et demi pour arriver à maturité. Lors donc que l'ensemencement a pu se faire dans de bonnes conditions, aux premiers jours d'avril, il y a tout lieu d'espérer qu'à la mi-août le planteur pourra commencer la cueillette. D'un autre côté, lorsque la graine est mise en terre trop tôt, elle y pourrit ou ne donne qu'une plante chétive et rabougrie.

Le choix de la graine n'est pas l'une des questions les moins importantes pour le planteur. De sa nature, de son âge, des soins avec lesquels on l'a conservée, dépendent le plus ou moins de succès d'une récolte. Il en existe aux États-Unis deux espèces principales : la graine noire et lisse, et la graine verte enveloppée d'un duvet fin et court. Cette dernière est d'importation mexicaine et produit la plus grande partie de la récolte américaine.

Ce n'est que depuis une vingtaine d'années que l'amélioration des graines paraît avoir préoccupé les planteurs, et les essais faits dans ce but ont donné naissance à une foule de variétés, entre autres celle du « Petit-Gulf », presque exclusivement employée pendant longtemps. Plusieurs de ces variétés, après avoir été payées des prix exorbitants au moment de leur introduction, ont ensuite baissé rapidement pour faire place à des espèces nouvelles.

En somme, il est facile à chaque planteur d'améliorer ses propres graines, lorsqu'il veut bien en prendre le souci. Il lui faut, pour cela, soigneusement choisir l'espèce de cotonnier qu'il veut reproduire, soit qu'il préfère l'arbuste aux capsules nombreuses et d'une production abondante, soit qu'il s'attache à la longueur et à la finesse de la fibre.

Les graines doivent être prises sur les capsules de la première floraison, et toujours sur celles ouvertes avant les premières gelées, les graines plus vieilles donnant souvent moins de fruit; puis, on les conserve en tas, pendant un an ou deux au plus, en veillant surtout à ce qu'elles ne s'échauffent pas. Du soin que le planteur consacrera à la graine dépendra bientôt tout le profit qu'il tirera de sa plantation.

Lorsque la terre a été labourée à deux ou trois reprises, puis hersée, l'on s'occupe de mouiller les graines. Le mouillage a pour but d'attendrir l'écorce et de hâter la germination. Pour cela, plusieurs moyens sont employés : tantôt, on mélange les graines à un composé de deux parties de cendres et d'une partie de sel gris; tantôt, on dissout du sel dans le purin des étables, et, quand les graines en sont bien imbibées, on les roule dans du plâtre afin qu'elles ne s'agglutinent pas les unes aux autres.

Le professeur Th. Taylor, en cherchant à déterminer la place et le rôle des cellules d'huile dans la graine du cotonnier, fit une découverte des plus intéressantes. Afin d'enlever le court duvet et les quelques fibres encore adhérentes à la graine, il la plongea dans une solution d'acide sulfurique assez forte pour que le coton fût détruit et pas assez concentrée pour que l'écorce fût entamée. Les graines, ainsi traitées, furent semées, et, à la grande surprise de tous, elles germèrent cinq jours plus tôt que les graines ordinaires. De nouvelles expériences démontrèrent à nouveau que le traitement par l'acide sulfurique hâte la germination.

Nous ignorons quelle application pratique l'on a faite, jusqu'à présent, de cette découverte, ou si quelque inconvénient a empêché qu'on l'adoptât en grand. Il nous semble qu'obtenir cinq ou six jours d'avance est un avantage précieux, lorsqu'il s'agit d'éviter les premières gelées ou de remédier à un ensemencement tardif; enfin, la graine ainsi traitée n'a plus besoin d'être roulée dans le plâtre et peut être semée mécaniquement, donnant par là une culture plus régulière et facile à exploiter.

L'ensemencement se faisait autrefois à la main, et il en est encore de même, sans doute, dans les petites plantations. Le travail est partagé entre trois personnes, souvent trois femmes: la première creuse avec une bêche, au centre des sillons, des trous espacés de 30 à 35 centimètres; la deuxième dépose quatre ou cinq graines dans ces trous; la troisième, soit avec le pied, soit avec une bêche, recouvre les graines de terre. Dans les plantations plus importantes, l'on emploie des semoirs mécaniques traînés par des mulets; la machine fait une incision en ligne droite, au lieu de trous, et la recouvre de terre au moyen d'un rouleau.

Lorsque l'ensemencement a eu lieu de bonne heure, en mars, avant que le soleil n'ait échauffé la terre à une certaine profondeur, il est inutile de déposer la graine bien avant dans le sol, où elle ne trouverait pas assez de chaleur pour germer, et l'on ne donne aux trous que quelques centimètres de profondeur; mais, quand l'ensemencement a lieu plus tard dans la saison, et que les chaleurs se font déjà sentir, afin d'assurer à la graine l'humidité nécessaire l'on donne aux trous 10 et 12 centimètres de profondeur.

Après l'ensemencement commencent les soucis du planteur. Une nuit de gelée en avril peut venir détruire tout son travail, les vents âpres du nord-est peuvent anéantir des champs entiers de jeunes plantes; enfin, le « cockhafer » ou « cut-worm », qui se montre surtout vers la fin d'avril, vient parfois couper au ras du sol les deux petites feuilles qui marquent l'apparition de la plante, et obliger ainsi à un second ensemencement en mai.

Dix ou douze jours seulement après les semailles, deux petites feuilles, semblables à celles des pois de nos jardins, émergent des sillons. Trois jours après, le troisième cotylédon apparaît, et c'est alors que recommencent les labourages, joints au sarclage et à l'émondage. La charrue, passant de nouveau entre les rangées de cotonniers, brise la terre, l'ameublit et détruit les mauvaises herbes qui étoufferaient la plante naissante. L'émondage se divise en deux ou trois périodes, et consiste à dégager les touffes d'arbustes trop serrées et à arracher de terre les plantes faibles ou tardives, à mesure que les plantes vigoureuses se développent et réclament autour d'elles plus d'air et de lumière.

Car le cotonnier n'étend pas ses racines sous terre, sur une vaste surface, comme le chêne; elles plongent verticalement dans le sol, et l'arbuste tire une grande partie de sa nourriture, moins peut-être par ses racines que de l'atmosphère, au moyen de ses larges feuilles.

A chacun de ces émondages et surtout quand une saison humide favorise le développement des mauvaises herbes, on bêche ou on laboure avec des charrues spéciales, appelées « sweeps », afin de débarrasser les champs de ces plantes parasites. L'on ramène aussi la terre autour des jeunes tiges, pour leur donner du pied, et les soutenir contre les orages et les vents des mois d'été. Ces diverses opérations durent jusqu'au 20 juillet environ; les grandes chaleurs rendent alors difficile le travail des champs, mais, si pénible qu'il soit, le planteur en est toujours récompensé.

L'état de la plante au 1ᵉʳ juin sert généralement de base pour l'estimation de la récolte. C'est au commencement de ce mois que paraissent les premières fleurs.

Aucune ne vérifie mieux que celle du cotonnier l'image qu'en a fait l'Ecclésiaste pour représenter la brièveté des choses de ce monde. Semblable, comme forme, à la mauve de nos jardins, elle s'épanouit le matin d'une belle couleur jaune pâle, qui devient blanche vers le milieu du jour; elle passe dans l'après-midi au rose pâle; puis, le lendemain matin, le rose est devenu plus vif, mais les pétales tombent alors l'une après l'autre, et l'arbuste perd aussitôt cet aspect féerique dont peuvent seuls donner l'idée nos plants de pommiers en fleurs.

A peine les fleurs sont-elles tombées qu'apparaissent les capsules, petites d'abord et de la grosseur d'une noisette, à arêtes vives et enveloppées à la base d'une touffe de trois à cinq feuilles. Les angles s'arrondissent peu à peu; à mesure que la capsule augmente de volume et approche de sa maturité, elle devient jaunâtre, s'entr'ouvre et présente enfin aux yeux de belles touffes de coton, blanches comme la neige.

Les fleurs mauves et roses, les groupes d'arbustes aux capsules blanches épanouies, les buissons d'un vert sombre où les feuilles dominent, donnent à la plantation un aspect magnifique et qui se perpétue pendant plusieurs mois; car, plantés en avril, les cotonniers fleurissent, le temps aidant, jusqu'en décembre; de là les cueillettes multiples de la base, du milieu et du sommet de l'arbuste.

Les pluies des mois d'été, lorsqu'elles sont trop abondantes, peuvent devenir funestes au cotonnier; l'humidité que ses racines puisent de la terre lui est suffisante, et il préfère la chaleur. De plus, un excès d'humidité peut en-

gendrer, ou des insectes parasites, ou des maladies. D'un
autre côté, une chaleur trop intense n'offrirait pas moins
d'inconvénients. Elle développe d'abord un nombre excessif
de capsules ; la plante se trouvant vite épuisée et desséchée,
les capsules tombent avant d'être mûres. Ce peut être ici
le lieu d'ouvrir une parenthèse sur les ennemis et les maladies du cotonnier.

Parasites et maladies du Cotonnier. — Des premiers, nous ne citerons que les deux principaux : la chenille, autrement appelée « caterpillar » ou « cotton-
worm », et le ver de la capsule ou « boll-worm ».

La chenille est désignée, en entomologie, sous le nom
d'*Aletia argillacea* (Hübner). Les œufs de ce redoutable
insecte ont $0^m/_m685$ environ au plus grand diamètre, et
sont d'abord d'une belle couleur bleu verdâtre qui se
change en blanc terne au moment de l'éclosion. On n'en
trouve guère que cinq ou six sur chaque feuille. En été,
l'éclosion a lieu au bout de trois ou quatre jours, en automne
au bout de sept jours ; alors paraît la larve, perçant son trou
à travers l'écaille de l'œuf. Lorsque les larves sont assez
grandes pour manger les feuilles, et, selon l'expression
des planteurs, pour déchiqueter le cotonnier : « to rag the
cotton, » elles montent au haut de la plante et commencent
par détruire les feuilles les plus tendres. C'est par là qu'on
reconnaît leur présence, et le planteur s'empresse alors
d'étêter les plantes, opération utile, du reste, dans un autre
but, comme nous l'avons vu.

Les chenilles descendent ensuite le long du cotonnier,
détruisent complètement les feuilles, attaquant parfois,
soit les fleurs et leurs étamines, soit, lorsqu'il n'en reste
plus, les capsules elles-mêmes. Au bout de quinze à vingt-
cinq jours, la chenille cherche une feuille pour s'en couvrir

le corps; elle en rapproche les bords et les maintient au moyen d'une soie jaunâtre, dont elle se tisse aussi un cocon délicat; c'est là qu'elle achève sa transformation en papillon.

Ces papillons sont d'abord verdâtres ou jaune pâle; ils deviennent presque aussitôt brun marron tacheté de points noirs et rouges. Peu de jours après leur sortie du cocon, ils commencent à déposer leurs œufs; un seul papillon en donne de quatre cents à six cents. L'œuvre de destruction se perpétue ainsi pendant trois ou quatre générations, mais les larves de la dernière génération, au lieu de mourir et de se transformer en quelques jours comme les premières, subsistent pendant plusieurs mois, et finissent par périr à leur tour, faute de nourriture ou détruites par leurs ennemis naturels.

Parmi les ennemis de la chenille du coton, les premiers sont quelques-uns de nos animaux domestiques, comme le porc, le chat, les dindes et les poules qui les dévorent avec avidité, puis les fourmis, les guêpes et certains oiseaux comme les grives, les moineaux; enfin, chose curieuse, le ver de la capsule dont nous parlerons tout à l'heure. En dernier lieu viennent les parasites de la chenille. Le plus destructeur est l'ichneumon à raies jaunes *(Pimpla cónquisitor,* Say), dont la femelle choisit pour déposer ses œufs le cocon même sous lequel s'abrite la chrysalide de la chenille. Les œufs de l'ichneumon éclosent presque aussitôt et dévorent immédiatement la chrysalide.

Les expériences les plus étendues ont été faites pour trouver un remède aux ravages des chenilles. Parmi les moyens employés, les uns consistent à arroser les feuilles du cotonnier de solutions arsenicales ou autres; quelques-uns saupoudrent la plante des mêmes substances pulvérisées et mélangées avec de la farine, afin que la pluie, au lieu de laver les feuilles, forme avec la farine une pâte qui maintienne le toxique à leur surface.

Enfin, les lanternes les plus ingénieuses ont été inventées pour attirer les insectes par la lumière au-dessus d'appâts empoisonnés ou de matières résineuses.

Malgré ces causes nombreuses de destruction, les chenilles du coton font, chaque année, des ravages considérables, qui deviennent même parfois de véritables désastres. Nous ne saurions en donner une plus juste idée qu'en reproduisant le tableau dressé par M. Comstock sur les chiffres officiels du Bureau d'Agriculture, pour une période de quatorze années. L'on remarquera que les États les plus exposés sont ceux situés au sud de la zone du coton, c'est-à-dire la Floride et le Texas, tandis que, dans la Caroline du Nord, les pertes causées par les chenilles sont insignifiantes, et on les considère même comme des insectes utiles, parce qu'ils dégarnissent le cotonnier d'un feuillage trop abondant.

États.	Pourcentage moyen de perte dans les pires années.	Moyenne de la récolte totale en balles pendant 14 ans	Perte moyenne en balles dans les pires années
Caroline du Sud.	5	224.500	11.225
Géorgie.........	16.5	474.600	78.422
Floride	24	49.700	12.000
Alabama........	17.8	536.700	95.790
Mississippi.....	17	706.000	123.070
Louisiane.......	20	438.700	89.740
Texas	28	525.000	148.125
Arkansas..	8	347.000	27.760
Tennessee.......	5	147.000	8.365
	17.2	3.449.200	594.497

Ce qui, à raison de 50 doll. par balle, montre une perte possible de 30,000,000 de doll. dans les pires années.

Après la chenille du coton vient le ver de la capsule ou « boll-worm » *(Heliothis armigera,* Hübner). Cet insecte, tout aussi destructeur que la chenille, est plus difficile à combattre à cause de ses mœurs et de son mode d'action. De même qu'elle, il se reproduit davantage pendant les saisons pluvieuses et dans les endroits humides ; mais, au lieu d'attaquer exclusivement le cotonnier comme la chenille, c'est dans les champs de blé surtout et sur quelques plantes légumineuses qu'il commence à se développer. Dans certains États à blé, comme le Kentucky, le Kénsas, le Missouri, des récoltes entières sont quelquefois détruites, et rarement une année se passe sans plainte de la part des fermiers.

Les œufs du « boll-worm » sont blancs et un peu plu grands que ceux de la chenille ; ce qui permet de les distinguer sur la plante. Chaque femelle en porte environ cinq cents qu'elle dépose un à un, indistinctement, sur toutes les parties de la plante, mais, le plus souvent, sur la face inférieure des feuilles. Après leur éclosion, les larves se nourrissent d'abord des feuilles, puis le plus grand nombre attaquent les fleurs, dont elles mangent le pistil et les étamines ; et alors la fleur tombe sans que la capsule soit formée. Souvent aussi, la larve perce directement la capsule et s'y loge pendant quelque temps ; mais, quand la capsule desséchée est sur le point de tomber, l'insecte la quitte pour en chercher une autre, jusqu'à ce qu'avec l'âge, les forces lui venant, elle gagne enfin les capsules mûres et remplies de coton. Les trous, percés ainsi par le « boll-worm », bien que très petits, permettent à l'humidité de pénétrer dans la capsule et d'y pourrir le coton. Lorsqu'on les ouvre, on y voit souvent de petits grains noirs, qui ne sont autre chose que les excréments de l'insecte.

La chenille de l'Heliothis, comme celle de l'Aletia, opère sa transformation en peu de temps; elle reste à l'état de chenille pendant une période de dix-huit à vingt-quatre jours, suivant la saison, et, une fois arrivée à son plein développement, elle descend en terre, et s'y fait, à une profondeur de 10 à 12 centimètres, un cocon ovoïde de sable et de terre soigneusement cimenté et poli à l'aide de la soie gommeuse qu'elle secrète. Les papillons qui en sortent ne diffèrent que légèrement de ceux de l'Aletia, et font leur principale nourriture du nectaire du cotonnier et des plantes légumineuses. Les trois premières générations, qui paraissent en mai, juin et juillet, attaquent surtout les champs de blé; mais, comme à cette époque les blés commencent à être déjà plus durs, les insectes de la troisième génération viennent déposer leurs œufs sur le cotonnier; aussi la quatrième est-elle la plus destructive. La cinquième est généralement la dernière; l'insecte se transforme en chrysalide pour passer l'hiver sous terre dans ses petits trous ovoïdes. C'est là que les gelées viennent les détruire en grand nombre, et aussi les labourages du printemps, qui sont peut-être le meilleur remède contre leur reproduction.

L'empoisonnement des feuilles du cotonnier, employé contre les chenilles de l'Aletia, arrête également le « bollworm » dans ses voyages d'une capsule à l'autre. Enfin, et en plus de ses ennemis naturels, dont les principaux sont les fourmis, les guêpes, les grillons, le « boll-worm » a encore à compter avec ses semblables, qui ont cela de commun avec d'autres larves de lépidoptères qu'ils se dévorent les uns les autres, lorsqu'ils se rencontrent un peu nombreux au même endroit, les plus grands mangeant les plus petits, ou les perçant de leurs dards pour en sucer le sang.

Tels sont les deux principaux ennemis du cotonnier. À côté d'eux, nous devons maintenant placer les maladies de la plante, qui, elles aussi, reviennent à chaque saison, et contribuent plus ou moins à la diminution de la récolte; ce sont la rouille, rouge et brune, la gangrène ou « dry rot », et le coton bleu.

La rouille est une petite végétation parasite qui se développe sur la tige et les branches, à la suite d'un appauvrissement de la sève dû soit à des causes météorologiques, soit à une mauvaise culture. La rouille rouge est la plus commune et se rencontre dans tous les districts cotonniers. La rouille brune est plus rare; on ne la trouve guère que dans les terrains plats bordant les rivières et les estuaires des États du Sud.

La gangrène attaque surtout les districts sablonneux; les capsules du sommet de la plante avec les graines et les fibres qui y sont attachées deviennent noires, pourrissent, et la capsule s'entr'ouvre en montrant le mal qui l'a frappée.

Dans les districts du Sea-Island, et partout où l'eau des rivières est salée, la maladie la plus répandue est celle du coton bleu. La plante pousse avec vigueur jusqu'à ce qu'elle ait atteint 4 ou 5 pieds de hauteur, les feuilles sont larges et bien formées; mais tout le feuillage est d'une couleur de plomb, et la plante complètement stérile. Quelquefois, la plante a pu porter son fruit; mais les capsules tombent, et elle prend alors cette couleur bleu sombre qui a donné son nom à la maladie.

Enfin, les fortes pluies qui tombent quelquefois au moment de l'éclosion des fleurs causent leur flétrissure et leur chute; c'est ce qu'on appelle le « shedding ». L'extérieur de la pétale devient alors jaune, et la capsule se dessèche sans rien produire.

Cueillette. — Nous sommes à la mi-août; c'est le moment de la cueillette. Les capsules qui mûrissent le plus tôt sont celles du pied de la plante; elles fournissent le « bottom crop ». Du moment où elles s'entr'ouvrent et montrent suspendus à leurs radicelles les blancs flocons, jusqu'au moment où les capsules du sommet sont mûres à leur tour, c'est-à-dire de la mi-août à Noël et même plus tard, le travail de la récolte continue sans relâche sur les plantations. Les moissonneurs noirs, hommes et femmes, passent entre les rangées de cotonniers, chantant une sorte de mélopée monotone qui n'est pas sans charme. Ils portent devant eux, suspendus à leur cou, de larges sacs dans lesquels ils jettent les flocons de coton arrachés de la capsule; lorsque le sac est plein, ils le vident dans des paniers disposés à l'avance de place en place et portés ensuite à l'égreneuse. Il semble que le travail de la cueillette ne présente point de difficultés et puisse être rapidement exécuté; il est rare cependant qu'un bon ouvrier ramasse par jour plus de 135 à 170 kil., et il lui faut de plus une grande habileté pour ne pas ou déchirer la capsule en deux, ou en laisser une partie à l'arbre.

Il est important de ne pas exposer le coton à la pluie ou à la rosée après la cueillette; mais, aussitôt récolté, on le transporte dans les hangars ou les magasins qui entourent l'égreneuse, et là, on le laisse reposer un mois ou deux. Pendant ce temps, les fluides oléagineux contenus dans la graine continuent de se répandre dans les fibres et leur

donnent cette belle teinte beurrée que les filateurs aiment
à voir au coton. C'est ainsi que dans nos campagnes le
cultivateur laisse reposer quelque temps ses graines avant
de les soumettre au battage, afin, dit-il, de les laisser « re-
suer », expression pittoresque bien qu'assez peu exacte.

La cueillette dure quatre ou cinq mois, depuis le mois
de septembre jusqu'à la fin de janvier. C'est généralement
pendant le mois d'octobre qu'a lieu le fort de la moisson ;
mais, lorsque le coton est mûr de bonne heure, elle se termine à la fin de décembre.

Le coton, une fois cueilli, peut être classé en quatre
catégories :

1° Les fibres longues, fines, soyeuses, douces au toucher ; c'est le coton du commencement de la récolte, avant
les premières pluies et les premières gelées ;

2° Les fibres plus courtes des capsules manquées, soit
qu'elles aient été attaquées par le « boll-worm », soit que
la gelée n'ait pu les faire entr'ouvrir, soit qu'une humidité
excessive en ait arrêté le développement ;

3° Le coton inférieur ou « trashy cotton » ; c'est celui
qui suit les fortes gelées. Il est rempli de petits fragments
de feuilles et de branches, dont il est très difficile de le
débarrasser ensuite ;

4° Enfin, le coton de rebut, celui qui est récolté dans
l'arrière-saison et que le vent, en le détachant des capsules, a roulé dans la boue ou rempli de sable.

Les détails que nous venons de donner sur cette culture,
il est inutile de l'ajouter, ne s'appliquent pas d'une manière
absolue et uniforme à tous les États cotonifères, et la méthode en usage présente, suivant les localités, des différences légères. En somme, d'après M. Aiken, l'un des plus
intelligents planteurs des États-Unis, le meilleur système

consiste à retourner la terre très profondément, à planter au printemps, le plus tôt possible, tout en consultant l'état de l'atmosphère, à laisser une distance de 12 à 18 pouces dans la rangée entre les tiges, et à les élaguer largement.

Dans une expérience faite à Warthern, en 1873, sur un peu plus d'un acre, on a tiré de 4,840 tiges 5 balles de coton. Au lieu donc de laisser croître des milliers de tiges par acre, il vaut mieux n'en faire pousser que 7,000 sur une terre pauvre, et de 3,000 à 5,000 sur une terre riche. Une plantation plus serrée appauvrit la plante et diminue le rendement. Ainsi, à Warthern, on fait des sillons à un mètre de distance et on laisse tomber sur le sommet du sillon six à huit graines qui forment ensuite l'arbuste. Au lieu d'employer la herse, on se sert d'un balai pour couvrir les graines. Le sol est sablonneux et cultivé depuis soixante ans. La composition de l'engrais que l'on y dépose est de 1,400 liv. de guano du Pérou, 60 chariots de paille de pin, 60 boisseaux de graines de coton et 400 boisseaux de fumier d'étable consommé.

Aussi, cultivée de la sorte, la plante donne-t-elle, en moyenne, 850 kilog. par acre, alors que partout ailleurs le rendement est trois fois moindre.

Toutefois, il est permis d'ajouter que, grâce à une étude mieux raisonnée de la culture et de ses résultats, étude stimulée par les immenses intérêts engagés aujourd'hui dans la production du coton, les planteurs semblent disposés à modifier peu à peu leurs procédés, et à tenir compte des lois qui régissent la végétation et des diverses conditions atmosphériques. La plus dure leçon peut-être qu'ils aient reçue sous ce rapport est le déficit de la saison cotonnière de 1881-82, où, pour 760,000 acres plantés en plus de la saison précédente, la récolte donna 1,153,484 balles de

moins. La cause en était due aux chaleurs excessives qui,
dès le mois d'août, desséchèrent le sol et brûlèrent la
plante, dont les racines, trop peu profondément implantées
en terre, ne purent s'y nourrir convenablement. Or, c'est
précisément une habitude des États atlantiques de ne
remuer la terre que superficiellement, par un labour de
3 à 4 pouces de profondeur, ce qui peut être suffisant pour
l'ensemencement de petites graines, mais non pour celui
d'un arbuste dont les racines sont tout aussi profondes que
celles d'un autre arbuste de sa taille. Si, à la rigueur,
cette méthode de culture est suffisante dans la riche vallée
du Mississippi et dans les terrains d'alluvions en général,
lorsqu'on l'applique dans les hautes terres, elle amène une
diminution marquée dans la production; et, quelque bien
du reste que la terre y soit engraissée, l'engrais se trouve
perdu, la surface du sol étant trop sèche pour nourrir les
racines. Plus la saison est sèche, et plus frappante est la
différence obtenue entre une terre profondément labourée
et celle d'un labour léger.

Ce que nous venons de dire peut paraître étrange, si
l'on se rappelle que le cotonnier est une plante tropicale
qui, après son développement, ne craint point les ardeurs
du soleil, et qui, sous l'équateur même, se transforme en
un arbre véritable. Mais il ne faut pas perdre de vue que
sous les tropiques, comme le fait remarquer M. Borain,
les chaleurs sont uniformes et sont suivies des rosées et de
la fraîcheur de la nuit, de sorte que les jeunes bourgeons
ne sont point tués par le soleil, tandis qu'aux États-Unis
la plante se trouve dans un pays exotique, où les nuits
n'amènent pas de fraîcheur, de sorte qu'à cause de cette
différence, les fortes chaleurs sont plus redoutables pour

le cotonnier dans les pays tempérés que dans les contrées tropicales.

Conséquemment, les Américains amélioreront leur culture, et, en préparant le sol pour la croissance profonde des racines, mettront la plante mieux à l'abri de la sécheresse ; ou bien nous devrons compter sur une production moindre de la plante, comme nous l'avons vu en 1881-82, et comme nous le voyons encore dans la saison actuelle de 1883-84. Le tableau suivant donne une juste idée des différences de rendement suivant les saisons :

ACRÉAGE ET RENDEMENT EN BALLES ET EN LIVRES.

(Trois zéros omis.)

	1878-79	1879-80	1880-81	1881-82	1882-83
Acréage du Chronicle	13.203	14.442	16.123	16.851	18.590
Acréage du Bureau	12.203	14.428	15.950	16 710	16.276
Rendement de la récolte en balles	5.074	5.757	6.589	4.436	6.092
Rendement par acre et en livres	171	180	187	144	194

La question du prix de revient du coton, dont l'importance est si grande non pas seulement pour les planteurs, mais aussi pour toutes les industries dont le coton est la matière première, mériterait, pour être traitée, une plume plus exercée que la nôtre. Nous ne pouvons mieux faire que de renvoyer le lecteur aux études si claires et si impartiales que M. Borain a publiées soit dans ses opuscules, soit dans son journal *le Coton*.

Nous empruntons à un article de l'*Encyclopédie de Spon* le tableau du rendement d'une plantation de 150 acres, exclusivement consacrée au coton.

Valeur du terrain : 15,500 doll. Intérêt à 7 0/0 .... 105 »
Valeur de 4 mules, harnais : 550 doll. Intérêt 38 50
Réparation de clôtures à 13 c. par acre 19 50
Salaires d'un directeur, contre-maître blanc .... 200 »
Salaires de 3 laboureurs nègres .... 210 »
Provisions pour 4 hommes .... 100 »
Nourriture de 4 mules pendant un an .... 300 »
Sels et potasse pour engrais à 1 doll. par acre .... 150 »
Douze boisseaux de graines par acre pour semence et pour
   engrais, soit 1,800 à 10 c. .... 180 »
Location de 8 bécheurs supplémentaires pendant 6 semaines.. 120 »
Supplément de travail pour la cueillette .... 120 »
Droit de 1/15e pour l'égrenage 195
Impôts de 1/4 0/0 sur 2,050 doll. 25 12
Dépenses diverses et imprévues .... 100 »
Capital engagé : 1,708 doll. Intérêt à 12 0/0 par an pour un
   temps moyen de 4 mois .... 68 »

1.931 12

150 acres, pour un rendement moyen de 216 lbs, donnant 32,400 lbs, le prix de revient serait de 5 11/16 c. par lb. rendu en gare. Ce prix nous paraît encore bien élevé. En y ajoutant 3/4 c. pour frais de l'intérieur aux ports d'embarquement, le coton coûte ainsi 6 7/16 c. ou 3 3/17 d., plus 1 1/4 d. pour transport et livraison à Liverpool, ce qui porte le coût total du coton, « average strict good ordinary, » rendu à Liverpool, à 4 7/6 d.

Égrenage. — Le coton, tel qu'on l'apporte des champs, se compose de flocons arrachés de la capsule et formés en poids d'environ un tiers de fibres pour deux tiers de graines. Cette proportion varie suivant les années; la moyenne est d'environ 750 kil. de graines pour une balle de coton égrené. En 1881-82, la proportion était presque de 1,000 kil. par balle.

L'égrenage consiste à séparer les fibres des graines et à

leur faire subir un premier nettoyage ; il se faisait autrefois à la main, et le premier essai d'un égrenage mécanique est la « churka » indienne, instrument primitif, composé de deux rouleaux en bois tournant en sens opposé, et assez rapprochés pour qu'en leur présentant les flocons de coton, les fibres soient attirées et passent entre les rouleaux, tandis que les grains tombent de l'autre côté. Cet appareil, modifié peu à peu et doté de perfectionnements importants, est devenu le « roller-gin ».

Pendant ce temps, et dès 1794, l'américain Elie Whitney inventait une égreneuse fondée sur un tout autre principe, et qui, grâce à la quantité de travail qu'elle pouvait fournir, révolutionnait du même coup la culture et l'industrie cotonnières. Les Américains honorent la mémoire d'Elie Whitney comme celle d'un de leurs bienfaiteurs ; il fut en effet, pour les États cotonniers, ce que furent R. Arkwright et S. Watt pour l'industrie anglaise, et c'est à dater de l'invention du « saw-gin » que les cotons des États-Unis sont venus remplacer sur le marché anglais ceux de l'Inde et du Levant, qui l'approvisionnaient jusqu'alors.

Le « saw-gin » se compose, en principe, d'un cylindre en fer de 15 à 20 centimètres de diamètre, sur lequel sont enfilées des scies circulaires juxtaposées de manière à former un hérisson, et assez rapprochées pour que les graines ne puissent se loger entre elles. Un autre cylindre, muni de brosses, nettoie les scies et leur enlève toutes les fibres, tandis qu'une grille courbe, placée à la partie antérieure du cylindre à scies, permet le passage des filaments et sert à retenir les graines.

De cette courte description il est facile de conclure que, si le « saw-gin » présente l'avantage d'une production plus

grande que celle du « roller-gin », celui-ci, du moins,
ménage mieux les fibres et les travaille dans des conditions
meilleures. Dans le « saw-gin », lorsque le coton est pris
par la dent de scie au moment où la graine arrive à la grille,
ou bien les fibres doivent s'en détacher facilement ou elles
se brisent, car ce ne peut être la fibre qui cédera. Or,
quand, soit par suite d'un mauvais réglage de la machine,
soit par négligence des conditions générales favorables à
un bon égrenage, la proportion des fibres brisées et déchirées augmente, la valeur commerciale du produit diminue
d'autant. L'aspect même du coton se ressent du traitement : après le « saw-gin » il est plus doux, plus moel-
leux, plus floconneux et aussi plus blanc ; après le « roller-gin » il garde davantage sa couleur naturelle, et la
forme de la fibre est moins altérée. De plus, s'il est quelque peu tacheté, « stained, » la scie déchiquette ces parties
et les distribue dans la masse du coton, tandis que dans
le « roller-gin » elles passent sans se briser ni se mélan-
ger, et un épluchage subséquent est possible. Il n'y a
donc pas lieu de s'étonner que la différence de la valeur
du coton, suivant qu'il a été traité par l'une ou l'autre de
ces deux machines, soit facile à reconnaître, et que, pour
certaines provenances, les cotes des courtiers établissent
un écart qui varie de 1/4 d. à 5/8 d. par liv. anglaise.

En somme, le « saw-gin » n'est avantageusement applicable qu'aux fibres des cotons courte-soie. Les Géorgie
longue-soie, les Jumel d'Egypte et tous les autres cotons
longs ne peuvent y être passés sans inconvénient.

Nous venons de voir que les deux principaux systèmes
d'égrenage sont résumés dans le « roller-gin » et le
« saw-gin ». Il est une troisième machine, cependant, dont
l'application est peut-être aussi fréquente que les deux

précédentes, et dont le fonctionnement est des plus intéressants; c'est le « Mac-Carthy gin ».

Le procédé du « Mac-Carthy gin » est l'opposé de celui du « roller-gin ». Dans ce dernier, les flocons de coton sont présentés à l'angle des deux rouleaux et attirés par ceuxci, tandis que la graine est maintenue immobile; dans le « Mac-Carthy gin », c'est le coton qui est maintenu en place, et la graine secouée et battue en dehors.

Le « Mac-Carthy gin » se compose, en principe, d'un rouleau en bois de $0^m,80$ de longueur sur $0^m,12$ environ de diamètre et couvert d'une peau rude. En avant de ce rouleau, et à une distance de 6 à 7 millimètres, placées verticalement presque en regard l'une de l'autre, sont deux plaques de fer ou d'acier ayant la même longueur que le rouleau, 5 millimètres d'épaisseur, et séparées entre elles par un espace de 2 à 3 millimètres.

Leur sommet est arrondi et aiguisé avec soin, de manière à ne présenter au coton aucune partie tranchante. La règle supérieure est immobile, tandis que la règle inférieure a un mouvement très rapide de bas en haut. Le coton est obligé de passer entre les deux règles ; le bout des fibres est saisi par le cuir du rouleau qui l'entraîne, et la graine cherche alors à passer avec lui entre les deux règles; mais la plaque inférieure, par son mouvement rapide, la secoue vivement et la projette hors du coton qui l'entourait, et qui, se trouvant libre alors, suit le mouvement du rouleau et est recueilli de l'autre côté.

Cette machine a fait l'objet de nombreuses recherches de la part des constructeurs anglais, et, aujourd'hui, le «Mac-Carthy gin» à double action est certainement l'une des égreneuses les plus parfaites; son seul défaut paraît être le frottement que le cuir du rouleau fait subir au coton, et qui peut dessécher même les fibres, lorsque, pour activer la production de la machine, le planteur en exagère la vitesse.

C'est avec raison que l'un des économistes les plus éminents des États-Unis, M. Atkinson, appelait naguère l'attention des constructeurs sur les modifications à apporter aux égreneuses américaines. Il est permis d'espérer que, malgré leurs préjugés et leur routine, les planteurs finiront par adopter celui des deux systèmes dont le travail est le plus favorable au coton. Ajoutons toutefois, pour la curiosité du fait, que ce ne sont pas seulement les planteurs qui s'opposent à ce progrès, mais aussi et surtout les courtiers et les négociants du pays, sous ce prétexte singulier que, si l'on substituait le « roller-gin » au « saw-gin », ils auraient à changer tout leur système de classements et d'évaluations.

L'importance d'un égrenage parfait n'a cependant jamais été plus grande. Tant que la filature fut prospère et que les filateurs eurent peu à craindre la concurrence, la nécessité d'un bon nettoyage se faisait moins sentir, et, si un classement de coton n'était pas suffisant, le profit était généralement assez élevé pour que le filateur pût, sans grand dommage, le remplacer par un classement supérieur. Aujourd'hui la concurrence, non-seulement entre les industriels d'un même pays, mais entre les nations mêmes, est si acharnée que le filateur doit naturellement rechercher, pour un prix donné, le coton le plus long et le plus fort, et qu'il appréciera parfaitement la valeur d'un coton bien ou mal égrené.

De là l'importance donnée aujourd'hui aux différents modes de nettoyage et les nombreuses recherches faites dans le but de conserver à la fibre sa force et son intégrité, tout en l'arrachant de la graine.

Les essais d'égreneuses les plus importants sont ceux qui ont eu lieu à Manchester, en 1871-72 et en 1874-75. Ils furent suivis de deux autres expériences semblables, l'une à Broach, l'autre à Dharwar. Quarante-six systèmes ou modifications de « gins » furent éprouvés avec trente-deux variétés différentes de coton, et, sur sept cent quarante-quatre expériences, quatre-vingt-huit eurent lieu avec la détermination dynamométrique de la force prise. De ces nombreuses expériences il résulte, d'après le rapporteur, que dans les principales égreneuses actuelles le travail de l'égrenage est rationnel et nullement de nature à détériorer la fibre du coton, mais que la qualité de celui-ci dépend surtout de deux causes qui s'appliquent également à toutes les égreneuses et à tous les cotons : c'est, en premier lieu, la vitesse du frappeur qui sépare la fibre de la graine, c'est-à-dire la vitesse circonférentielle du cannelé, de la scie ou de la batte; c'est, en second lieu, l'adhérence plus ou moins grande de la fibre à la graine. C'est ainsi que dans le « saw-gin », dont la construction et le réglage sont souvent défectueux, ce n'est pas encore tant à cause du principe même de la machine que le coton se trouve abîmé qu'à cause de la vitesse généralement exagérée des scies, vitesse qui ne devrait jamais dépasser 25 m. par seconde. Le résultat important de ces expériences est donc d'avoir déterminé la relation directe qui existe entre la vitesse du frappeur et la résistance à l'arrachement de la fibre.

Quant à cette adhérence plus ou moins grande de la fibre, c'est elle qui détermine le degré dans lequel une variété donnée de coton peut se trouver plus ou moins détériorée par l'égrenage. Dans les cotons à graines lisses, la fibre et la graine se séparent toujours aisément et restent intactes ; dans les cotons à graines vertes, comme ceux de l'Inde, et dans certains cotons d'Amérique, ou bien la fibre se trouve fréquemment brisée, ou bien la graine est écrasée ; les particules se trouvent disséminées dans la masse du coton. Celui-ci est ainsi doublement détérioré, et par la présence d'impuretés dont le filateur a grand mal à le débarrasser, et par l'huile de la graine, qui, en se répandant sur les fibres, les tache et les ronge. .

Deux égreneuses paraissent indiquées par le Rapport comme supérieures à toutes les autres. Pour la qualité du coton, c'est l'égreneuse susdite de Mac-Carthy, à double action ; pour la production, l'économie de la main-d'œuvre et de la force employée, c'est l'égreneuse à lames à double action. L'engin classique des Indiens, dit M. Alcan, comparé à ces appareils magnifiques, peut servir à mesurer les progrès réalisés par l'industrie européenne. La machine anglaise produit presque autant en une minute que la « churka » indienne dans une journée.

Aux États-Unis, l'égrenage se fait de deux manières différentes : 1° Au moyen de chevaux ou de mules ; 2° à la vapeur.

Le premier procédé est le plus usité. Les fermiers aisés possèdent des machines pour égrener leur propre coton et celui de leurs voisins. Il y a aussi des établissements publics qui, moyennant une taxe fixée d'avance, égrènent les cotons des petits planteurs ne produisant qu'une trentaine de balles. Ces établissements se composent de la maison d'égrenage, « gin-house, » et d'un compartiment pour le coton ; ils sont à deux étages et bâtis légèrement. Le rez-de-chaussée est ouvert de tous côtés ; au premier

étage se trouve l'égreneur. Les flocons de coton arrivent
dans de grands paniers que l'on monte à bras et on les
vide sur une plate-forme inclinée. Là, le coton, cueilli le
matin, encore couvert de rosée, se sèche aux rayons du
soleil. Dans beaucoup de maisons d'égrenage ces plates-
formes n'existent plus, bien que le coton, pour être égrené
convenablement, doive être très sec; autrement il se travaille mal et fait un déchet considérable. L'égreneuse est
située au premier, afin que les impuretés et les graines
tombent dans la pièce inférieure; puis, le coton, une fois
égrené, reste dehors, quelquefois longtemps, exposé au bel
air et au mauvais temps. A l'époque de la récolte, ces maisons d'égrenage sont envahies, et comme tout le monde
veut être servi au plus tôt, la besogne se fait vite et mal,
et la qualité du coton en souffre.

Il y a aussi, sans doute, des établissements modèles où
l'égrenage se fait avec soin et avec économie, mais ils sont
rares; ils se rencontrent surtout dans les anciennes grandes
plantations du côté du Mississippi, et c'est toujours de là
que vient le coton le mieux soigné. Aussi les planteurs
veulent-ils adopter le parti d'apposer leurs marques aux
balles, dans l'espérance de vendre mieux que les autres en
offrant ainsi au public une certaine garantie.

A la sortie des « gins », le coton est quelquefois encore
nettoyé, puis emballé tant bien que mal pour être envoyé
aux marchés intérieurs ou aux ports d'embarquement. Ce
premier emballage est souvent défectueux, et, il y a peu
de mois, tout le Lancashire se plaignait vivement de la
quantité insolite de sable et d'impuretés mélangée au
coton. Ce mélange était-il fait avec intention ou par simple
négligence ? Nous ne saurions le dire; mais nous ne sau-

rions trop louer non plus l'ardeur avec laquelle l'industrie anglaise a aussitôt cherché à réprimer cet abus.

L'emballage définitif et le pressage des balles ont lieu surtout aux ports d'embarquement, de sorte que là, l'acheteur est parfaitement à même d'examiner la qualité du coton qu'il achète, tandis qu'une fois la balle pressée, il est difficile d'en tirer çà et là quelques pincées qui servent d'échantillon.

Ce pressage des balles a pour but de diminuer les frais de transport; mais si la réduction de volume obtenue économise les frais de fret, elle est d'abord coûteuse à cause du poids des appareils nécessaires pour la produire, et elle peut avoir l'inconvénient de briser et de tordre les fibres, en diminuant ainsi la qualité du coton aux dépens du filateur. L'on prétend que du coton pressé par la « Dederick Hay Press » à la densité du bois dur ne paraissait pas avoir souffert de cette compression énorme, et que la balle, laissée dans l'eau pendant quatre jours, n'avait absorbé d'humidité que sur une épaisseur d'un centimètre. Pour obtenir une densité si compacte, l'on avait dû mouiller le coton sans doute, comme on le mouille dans les balles de l'Inde, déjà si fortement pressées, et alors, en admettant que les fibres n'en soient pas détériorées, le filateur n'en a pas moins à payer le poids de l'eau.

Enfin, les balles américaines sont maintenues par des liens en feuillard de fer, qui sont de dimensions et de poids égaux : 3ᵐ 35 de longueur et 1,200 à la tonne. Supposons une récolte de 6,000,000 de balles, il faut 6 feuillards par balle ou 36,000,000 en tout, soit 30,000 tonnes, coûtant environ 15,000,000 de francs.

Légende.

Fᴵɢ. 1. — Fibres de coton Géorgie longue-soie. Sans entrer dans le détail des caractères propres à ces fibres et à celles qui suivent, l'on peut voir qu'elles s'en distinguent par leur finesse et leur régularité. L'emploi de ces cotons exige plus peut-être que tout autre l'examen microscopique au point de vue de la maturité des fibres, qui n'est pas toujours complète. Gross. $\frac{1}{150}$.

Fᴵɢ. 2. — Fibres de Louisiane, d'un diamètre un peu plus grand, mais aussi plus cylindriques et plus vrillées que les précédentes. Gross. $\frac{1}{150}$.

Fᴵɢ. 3. — Fibres de Bengale, les plus larges et les plus irrégulières de toutes ; les unes sont fines et d'une forme arrondie, les autres plates et rubannées. Gross. $\frac{1}{150}$.

Fᴵɢ. 4. — Coupes de fibres mûres. Gross. $\frac{1}{450}$.

Fᴵɢ. 5. — Coupes de fibres à demi-mûres et non mûres. Gross. $\frac{1}{450}$.

PL. 1.

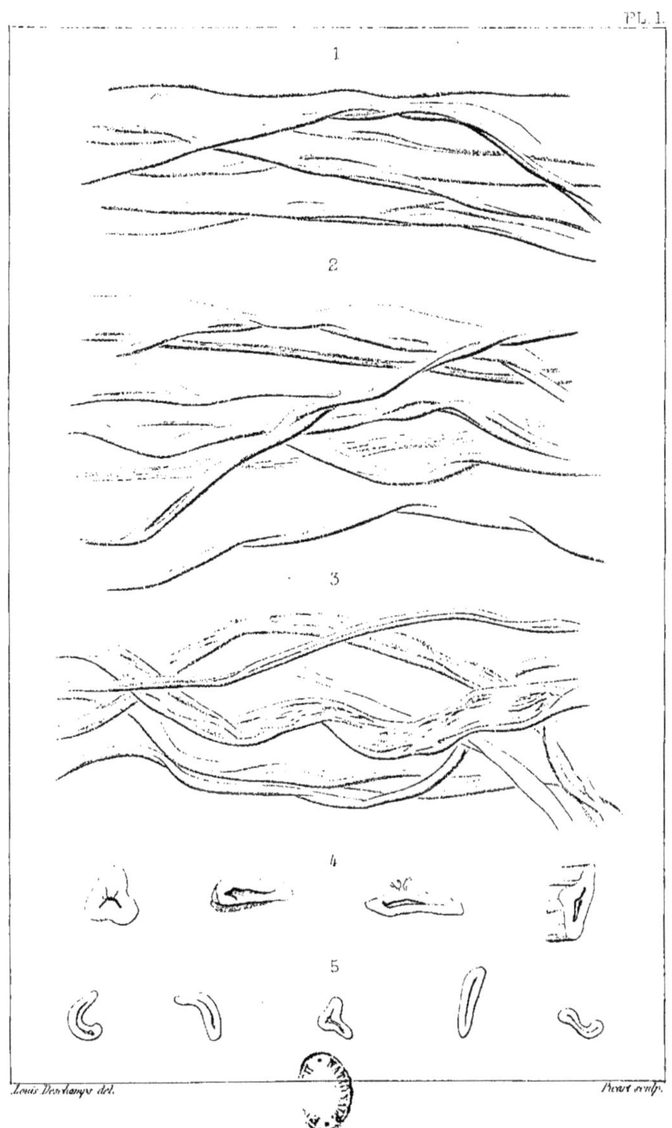

FIBRES DE SEA-ISLAND, DE LOUISIANE ET DE BENGALE, COUPES.

DE LA PRODUCTION DU COTON

EN AMÉRIQUE.

La première expédition de coton d'Amérique en Europe date de 1747 et consistait en 7 sacs envoyés de Charleston ; mais, en arrivant en Angleterre, les 7 sacs furent aussitôt saisis par la douane. L'histoire mentionne encore, en 1764, l'envoi de 8 balles, et, en 1770, un autre de 3 balles, de New-York, de 4 sacs de la Virginie et de 3 barils de la Caroline du Nord. C'est en 1784 que l'envoi devient plus important ; il s'élève à 71 balles, et voici que, comme en 1747, à leur arrivée à Liverpool, la douane anglaise s'émeut de nouveau : elle s'empare des 71 balles ; elle en conteste la provenance, sous le prétexte étrange que les États-Unis ne produisent pas tant de coton, le cotonnier ne pouvant y croître ; bref, elle confisque la marchandise comme étant une importation frauduleuse des colonies anglaises.

Les États-Unis célèbrent cette année (1884) le centenaire de cette confiscation ; et, en rapprochant d'un commencement si modeste les immenses expéditions que nous recevons aujourd'hui des ports américains, l'on ne sait comment trop admirer le développement de la production du coton en Amérique.

Le cotonnier est une plante des pays tropicaux. Avant

que le Nouveau Monde ne nous fût connu, il croissait spontanément dans toutes les parties comprises entre le Mexique et les côtes du Pérou ; et, lorsque les Espagnols s'emparèrent de ces deux empires, ils y trouvèrent des étoffes faites de coton et si belles qu'ils les envoyèrent à la cour de Madrid, comme l'un des plus curieux trophées de leurs conquêtes.

Du Mexique, la culture du cotonnier se répandit peu à peu dans les États méridionaux de l'Amérique du Nord. Elle y resta longtemps restreinte à l'ornement des jardins, ou utilisée seulement pour les besoins domestiques.

Ce ne fut qu'au milieu du xviie siècle qu'un premier essai de culture sérieuse fut tenté dans l'État de Virginie, grâce à Wyatt, qui l'administrait alors. Jusqu'à cette époque, les planteurs virginiens s'étaient presque exclusivement adonnés à la culture du tabac ; mais la production de cet article était devenue excessive, et les restrictions commerciales dues à l'Acte de Navigation de Charles II d'Angleterre ne laissant plus aucuns bénéfices, les planteurs portèrent leur attention vers d'autres cultures, et, en particulier, vers celle du cotonnier. Puis, en 1733, un suisse, nommé Peter Purry, introduisit la semence cotonifère dans la Caroline. Un an plus tard, un autre suisse, nommé Samuel Auspurger, essayait à son tour, en Géorgie, de cultiver des semences importées d'Angleterre.

Enfin, nous trouvons dans les archives du département de la Marine et des Colonies, à Paris, un rapport écrit en 1760 sur les grands avantages que la Louisiane pourrait retirer de la culture du coton faite avec des graines de Saint-Domingue, sur la difficulté de séparer la fibre de la graine et sur la nécessité d'importer des Indes des machines à égrener.

Malgré tous ces efforts, la culture du cotonnier ne se développait que lentement aux États-Unis, et nous devons attendre jusqu'en 1784 pour voir le commencement des importations considérables en Europe. Or, nous savons quelle réception fut faite au coton américain, et combien l'on soupçonnait peu alors qu'il viendrait presque ravir au Levant et à l'Inde anglaise le monopole de l'approvisionnement du monde.

On le soupçonnait même si peu qu'en 1794 le ministre des États-Unis à Londres, M. Jay, considérant la culture du coton dans les États du Sud comme peu importante et sans avenir, consentait, par le douzième article du traité signé à cette date, à ce que le coton fût compris, avec la mélasse, le café, le sucre et le cacao, parmi les produits dont le transport était interdit aux navires américains. Le gouvernement des États-Unis ne ratifia point cette clause, il est vrai, mais elle n'en reste pas moins comme la preuve que l'on ne considérait point encore le coton comme un article d'exportation régulière (1).

Toutefois, à partir de cette époque, la culture du cotonnier prit une extension rapide. La Géorgie l'avait entreprise en 1791 ; le Tennessee, la Caroline du Nord, la Louisiane s'y adonnèrent en 1811, l'Alabama et le Mississippi en 1821, l'Arkansas en 1826, et enfin la Floride et le Texas.

C'est dans les États riverains de l'Atlantique que la

_____

(1) Bien plus, le tarif américain de cette époque imposait à l'entrée dans les ports un droit de 3 cents par livre de coton, travaillé ou non. Dans la crainte de manquer de matière première, les manufacturiers demandèrent au congrès le rappel de cet article du tarif. Ils virent bientôt que leur propre pays leur fournissait plus de coton qu'ils n'en consommeraient jamais, et la taxe devint lettre morte.

culture nouvelle s'était développée d'abord, lorsqu'on s'aperçut bientôt que les plaines de la vallée du Mississippi n'étaient pas moins fertiles et pouvaient produire le coton à bien meilleur marché encore. Cette découverte arrivait en un moment propice ; car, d'un côté, la population esclave s'était multipliée avec une exubérance qui menaçait de causer les plus grands embarras aux États du Sud, et la nouvelle culture venait ainsi heureusement fournir à tous une occupation et un emploi inespérés. D'un autre côté, le traitement mécanique du coton venait de subir, en Europe, une tranformation complète, et, grâce aux travaux et aux magnifiques inventions d'Hargreaves, d'Arkwright, de Crompton et de Kay, l'industrie cotonnière naissait, et, avec elle, la nécessité d'un approvisionnement abondant et régulier de la matière première. Aussi, rien ne saurait donner une idée des spéculations effrénées dont les États du Sud furent alors le théâtre ; partout, l'on créait des plantations, l'on traçait des villes au cordeau, les États s'endettaient pour développer de nouveaux moyens de communication, et des banques sans nombre étaient fondées dans le but apparent de venir en aide aux planteurs. La principale fut la *Bank of the United States.* Cet engouement général se termina par la désastreuse panique de 1837, à la suite de laquelle toutes les banques des États-Unis durent suspendre leurs paiements en espèces.

Cependant la culture cotonnière allait toujours grandissant ; la récolte, qui était, en 1823-24, de 509,156 balles, dépassait le premier million en 1830-31, le deuxième million en 1839-40, le troisième million en 1851-52, le quatrième million en 1858-59, le cinquième million en 1878-79, le sixième million en 1880-81, et enfin la campagne

de 1882-83, qui vient de se terminer, nous apporte la production inconnue jusqu'à ce jour de 7,000,000 de balles.

71 balles d'un côté, 7,000,000 de balles de l'autre, tels
sont les points de départ et d'arrivée dans une période de
cent ans.

Est-il une autre industrie qui puisse offrir un exemple
plus magnifique des prodiges de l'activité humaine ?

L'Amérique s'était donc livrée à la culture du cotonnier
avec une énergie indomptable et avec cette foi en l'avenir
qui caractérise les nations jeunes ; elle en a été récom-
pensée par l'accroissement prodigieux de son commerce ;
et, grâce à ses exportations de cotons et de céréales, elle
peut combler le gouffre de la dette publique ouvert par
ses désastres financiers et par les guerres civiles.

Toutefois, pour que le cotonnier, comme toute autre
plante, se développe complètement, il faut que deux
éléments principaux concourent à sa croissance. Ces deux
éléments sont le climat et la nature du terrain. Or, si
peu que l'on étudie les conditions climatériques et géolo-
giques des États cotonniers, il est facile de conclure de
cette étude que, si la culture du cotonnier a pris, aux
États-Unis, un essor rapide et étendu, c'est grâce aux conditions particulièrement favorables du climat et du sol.

N'avons-nous pas dit plus haut que le cotonnier est une
plante des tropiques ; que c'est là qu'il croît spontanément
et qu'on le trouve à l'état sauvage soit en Amérique, soit en
Afrique ? Comment se fait-il donc que, transplanté sous une
latitude aussi élevée que celle de la Caroline du Nord et de
la Virginie, par exemple, c'est-à-dire au delà du 36e parallèle, il continue d'y prospérer et forme l'une des ressources
principales du pays ?

Nous ne saurions l'expliquer d'une manière précise. La

4

nature favorable des terrains, le climat, le voisinage de la mer qui baigne les côtes des huit principaux États cotonniers; telles sont, sans doute, les causes principales du succès avec lequel la culture du coton s'y est développée.

Un auteur des plus compétents attribue une grande partie de ce succès à l'influence exercée par le Gulf-Stream, immense fleuve marin qui, en déversant ses masses d'eaux et de vapeur tièdes sur les côtes des États du Sud, en rendrait le climat plus tempéré et plus constant. Cette théorie ne pourrait être admise aujourd'hui. Les recherches organisées par le *Coast Survey* des États-Unis établissent que le Gulf-Stream n'a point, dans le golfe du Mexique et dans la mer des Antilles, le parcours que lui prêtent les cartes même les plus récentes. Aucune branche importante du grand courant équatorial ne pénètre dans le golfe du Mexique, dont les eaux restent généralement froides, tant à la surface que dans leurs profondeurs.

De même que le climat, le système des montagnes se prête heureusement à la végétation. Les derniers éperons de la chaîne des Alleghanys aboutissent d'un côté aux Cumberland Range, et, de l'autre, aux collines du nord de la Géorgie et de l'Alabama. Sur leurs sommets viennent se condenser les vapeurs humides du golfe et de l'océan, pour retomber de là sur les campagnes en ondées fréquentes et d'autant plus bienfaisantes. Ces ondées se font sentir surtout en hiver et au printemps, plus rarement en été et en automne, de sorte que le planteur jouit généralement d'un temps sec pour la cueillette, qui dure plusieurs mois. Quant à la plante, ses racines pivotantes vont chercher sous terre l'eau qui s'y est accumulée pendant les pluies de l'hiver et du printemps.

Enfin, grâce à ces diverses conditions, les gelées, que le

cotonnier ne peut supporter, sont de courte durée, et elles se terminent, en général, d'assez bonne heure, pour que la plante ait toujours devant elle les six et demi ou sept mois nécessaires à son développement. Les observations météorologiques d'un certain nombre d'années indiquent en effet, comme époque moyenne de la dernière gelée du printemps, le 25 mars, et, pour les premières gelées d'hiver, le 25 octobre; ce qui donne bien les sept mois nécessaires à la plante.

Quant à la distribution des pluies et de la température, nous n'en pouvons donner ici le tableau; nous nous contentons d'emprunter au rapport du *Signal Service* de Washington les chiffres suivants, relatifs à la saison de 1881, pendant les mois de juin, juillet et août, c'est-à-dire au moment de la formation et du développement de la plante.

	Juin	Juillet	Août
Jours de pluie.	8 1/3	8 3/4	9 1/4
Température (Fah.).	78° 15	83° 6	82° 2

Si maintenant nous examinons la nature des terrains consacrés dans les États-Unis à la culture du coton, nous remarquons que ces terrains peuvent se diviser en trois classes principales.

Ce sont d'abord les terrains de craie et d'argile, les terres rouges de la Géorgie (Uplands Georgia), de la Caroline du Sud, de quelques comtés de l'Alabama et du Mississippi. Ces terres rouges sont douces, friables, exemptes de pierres et de cailloux, plus ou moins sablonneuses suivant les localités, mais elles se dégradent facilement sous l'action des pluies, d'autant plus que leur pente vers

les rivières est souvent rapide ; aussi, pour remédier à cet
enlèvement des terres par les pluies, l'on protège les plantations par des lignes de fossés circulaires, et le labourage
se fait également suivant une ligne courbe. De 1840 à 1850,
près des trois quarts de la récolte américaine étaient produits par ces terrains. Les planteurs se sont portés ensuite,
de préférence, vers les terres d'alluvion.

La seconde classe de terrains consacrés au coton sont
les riches terres noires du centre de l'Alabama, appelées
« cane-brake lands » ou « terres à cannes », et aussi les prairies noires ondulées du Texas. Ce sont des alluvions repo-
sant sur une couche de terrains crétacés. Ce sol est sans
rival pour sa fertilité ; les ondulations de sa surface se
prêtent admirablement à l'écoulement des eaux, et chaque
mètre carré de superficie fournit une production toujours
régulière et égale ; enfin, on n'y trouve guère les insectes
nombreux qui, dans d'autres contrées, détruisent chaque
année une portion plus ou moins considérable des récoltes.

Viennent enfin les terres d'alluvion et toutes celles qui
forment le fond des vallées, « Bottom lands » ; ce sont les
plus recherchées et celles qui paraissent le plus propres
au cotonnier. Les principales sont : les vallées du Santee,
du Chattahoochee, de l'Alabama, du Tombigby, du Pearl,
et surtout les immenses vallées du Mississippi et de ses
affluents inférieurs. Ces terrains sont presque plats, et ils
présentent une pente légère, qui part des rivières au lieu
d'y aboutir ; c'est dans le sous-sol que s'effectue le drainage
des terres. La surépaisseur de la croûte est formée des
nombreuses couches d'humus dues aux inondations successives, et qui se trouvent mêlées là aux terres fines et aux
sables entraînés des plateaux supérieurs. Grâce à cette
composition du terrain, les eaux ne séjournent pas à la

surface du sol, et les plantes trouvent toujours au-dessous
la réserve d'eau nécessaire à la végétation. De plus, au
moment de la sécheresse, la rosée vient pendant la nuit
couvrir les plantes pour s'évaporer ensuite aux premiers
rayons du soleil du matin. Les terrains d'alluvion ont
aussi leurs désavantages. Il faut nettoyer souvent les
terres, ce qui augmente d'autant les frais de production;
puis, les fièvres paludéennes y rendent parfois difficile un
long séjour; enfin les inondations obligent à y construire
des digues ou « levees » pour protéger les plantations.
Malgré ces graves inconvénients, ce sont toujours les terres
les plus recherchées à cause de leur fertilité et de leur
situation naturelle le long des rivières, où les chalands
viennent prendre le coton au bord même de la plantation
et débarrassent le fermier de sa récolte sans les moindres
frais de transport.

Que conclure de tout cela, sinon que les raisons qui ont
amené le développement incroyable de la culture du coton
aux États-Unis sont des raisons naturelles et fondées sur
la conformation même du pays? Aussi, cette culture n'y
fera-t-elle que grandir encore, et, quelle que soit la concurrence que puissent venir lui faire les cotons de l'Inde
anglaise, du Brésil, de l'Égypte, c'est aux États-Unis que
reste assurée la suprématie dans la production d'un article
aujourd'hui absolument indispensable; c'est de leurs
marchés que règnera toujours sur le monde celui qu'ils
appellent orgueilleusement le « Roi Coton ».

Après avoir étudié les conditions générales de la production, si nous examinons maintenant en détail ceux des
États cotonniers qui y contribuent le plus largement, et
dont le cotonnier forme l'une des principales ressources,
nous voyons que ces États sont au nombre de dix. Le

tableau suivant, emprunté à M. Shepperson *(Cotton Facts)* et basé sur les chiffres du recensement officiel de 1880, donne une juste idée de leur importance relative.

NOTE

Il peut paraître intéressant de savoir comment sont obtenus les chiffres donnés dans ce chapitre. Chaque mois, le Bureau d'Agriculture, a Washington, publie, sous le nom de Rapport du Bureau, un ensemble de renseignements relatifs à l'état de la récolte du coton. Dix mille correspondants environ, répartis sur plus de 2,000 comtés, c'est-à-dire sur tous les comtés consacrés à la culture du cotonnier, envoient dans les cinq premiers jours de chaque mois leurs observations sur l'acréage, l'état de la plante, etc... Ces chiffres sont réunis, collationnés avec ceux donnés par les employés du gouvernement chargés de la statistique dans chaque État, et, une fois les erreurs corrigées, les totaux et les moyennes prises, ce qui demande cinq autres jours, le résumé en est remis au télégraphe, qui le répand immédiatement dans les États-Unis. La presse publie ensuite le Rapport au complet. Malgré ces soins, et pour d'autres causes peut-être que des erreurs de statistique, les chiffres mensuels du Bureau sont bien loin d'être acceptés comme méritant une confiance absolue, et, de fait, ils sont quelquefois soumis dans la suite à des corrections importantes.

Jusqu'en 1880, si nous en croyons MM. Latham, Alexander et Cⁱᵉ, de New-York, il n'existait aucun rapport officiel sur l'acréage et le rendement du coton. La première statistique sérieuse est celle de la saison de 1879, qui accusa 14,480,019 acres. Les statistiques des années suivantes ont donné pour :

1880	15.950.518 acres.		1883	16.791.557 acres.	
1881	16.710.730 —		1884	17.429.390 —	
1882	16.276.691 —				

ÉTATS	ACRÉAGE		BALLES
	EN ACRES	EN HECT.	
Caroline du Nord	893.153	361.433	389.598
Caroline du Sud...............	1.364.249	552.072	522.548
Géorgie.	2.617.138	1.059.079	814.441
Floride	245.595	99.385	54.997
Alabama......................	2.330.086	942.918	699.654
Mississippi...................	2.106.215	852.324	963.111
Louisiane	864.787	349.954	508.569
Texas........................	2.178.435	881.549	805.284
Arkansas	1.042.976	422.062	608.256
Tennessee....................	722.562	292.399	330.621
Virginie	45.040	18.631	19.595
Missouri	32.116	12.996	20.318
Territoire indien	35.000	14.163	17.000
Kentucky	2.667	1.079	1.367
TOTAL..........	14.480.019	5.860.041	5.755.359

De ce tableau nous pouvons déduire le double tableau suivant, qui nous donne le degré relatif d'importance des principaux États comme acréage et comme production en 1880.

NUMÉRO D'ORDRE	ACRÉAGE	PRODUCTION
1	Géorgie	Mississippi
2	Alabama	Géorgie
3	Texas	Texas
4	Mississippi	Alabama
5	Caroline du Sud	Arkansas
6	Arkansas	Caroline du Sud
7	Caroline du Nord	Louisiane
8	Louisiane	Caroline du Nord
9	Tennessee	Tennessee
10	Floride	Floride

Si nous comparons maintenant les deux colonnes de ce tableau et si nous les rapprochons des chiffres de M. Shepperson, nous obtenons la mesure vraie de la fertilité de chaque État, son coefficient de production par acre, par hectare.

ÉTATS	PRODUCTION EN BALLES		
	PAR ACRE		PAR HECTARE
	1	2	
Louisiane	0 ^{b} 588	0 ^{b} 59	1 ^{b} 45
Arkansas	0 583	0 58	1 45
Mississippi	0 457	0 46	1 37
Tennessee	0 457	0 48	1 37
Caroline du Nord .	0 437	0 44	0 08
Caroline du Sud ..	0 383	0 39	0 94
Texas.............	0 368	0 37	0 91
Géorgie	0 311	0 31	0 76
Alabama..........	0 300	0 30	0 74
Floride	0 225	0 22	0 55

Les chiffres de la colonne 1 sont calculés d'après les statistiques de M. Shepperson ; ceux de la colonne 2 sont extraits du *New Orleans Democrat* du 1er septembre 1881 et portent sur des balles de 475 liv. chacune. Pour les deux colonnes, la moyenne totale est sensiblement la même et égale à 0^b 40.

Enfin, en répétant la même opération sur l'ensemble, nous voyons que, pour une récolte totale de 5,755,259 balles, la production par acre est sensiblement de 0ᵇ40, et, par hectare, de 0ᵇ985. En regard de ces derniers chiffres, il convient peut-être de placer ceux de MM. Latham, Alexander et Cᵒ, de New-York, dont les statistiques diffèrent quelque peu de celles de M. Shepperson, mais nous donnent les renseignements suivants :

Saisons	Acres plantés	Produit en livres par acre	Produit en balles par acre
1869-1873	9.097.000	174 3/4	0,39 1/2 de 442 livres
1873-1877	11.233.000	168 1/2	0,38 —

Enfin, nous voyons dans le *New-Orleans Democrat* que les comtés qui produisent le plus sont :

East Carrol..... (La)	95	Pc. d'une balle par acre
Opicot........... (Ark)	94	— —
Washington .... (Miss.)	87	— —
Bowie.......... (Tex.)	69	— —
Malborough....: (S.C.)	58	— —
Richmond....... (N.C.)	51	— —

Le manque de concordance de tous ces chiffres nous permet d'exprimer le regret de voir si peu de précision dans les statistiques cotonnières. La cause en est double : d'abord le service du Bureau d'Agriculture, à Washington, a été jusqu'à ce jour si pauvrement organisé que ses chiffres ne trouvent guère créance qu'après des rectifications souvent importantes, et qui, à cause de cela même, permettent encore le doute. Au moment de la guerre civile, la culture du coton ayant été soumise à un impôt, l'on commençait à avoir des données plus ou moins exactes sur l'acréage et la production. Depuis, cet impôt fut aboli, et le Bureau d'Agriculture perdit ainsi une source précieuse de renseignements.

Ensuite, la production est le plus souvent exprimée en balles, et non pas en poids. Or, du moment que le poids des balles peut varier d'une année à l'autre, la balle ne saurait servir d'unité, de point de comparaison, et c'est uniquement par le poids que devrait s'apprécier l'importance des récoltes. Pour l'intelligence des tableaux insérés ci-dessus, et aussi comme renseignement rentrant absolument dans le sujet qui nous occupe, il convient de donner ici un aperçu de la variation du poids des balles américaines.

A la fin du siècle dernier, la balle était comptée à 200 livres anglaises. En 1824, le poids moyen reconnu à Liverpool était déjà de 266 livres, et, douze ans après, il montait à 319 livres ; cependant, Mac-Culloch, en 1832, considérait la moyenne comme étant de 300 à 310 livres, et Burns la fixe à 310. M. J.-A. Mann donne les poids suivants :

1820	249 liv. par balle.		1850	392 liv. par balle.
1839	300 —		1850	421 —
1840	365 —			

En 1862, le poids moyen des balles reçues à Liverpool était : Uplands, 199 kil. ; Orléans et Mobile, 204 kil. 75 ; Sea-Island, 153 kil. Enfin, le *Textile manufacturer* nous donne les chiffres suivants pour les douze dernières campagnes :

Saisons	Produit net par acre en livres	Poids net des balles
1869-70	175	440
1870-71	192 1/2	442
1871-72	148	443
1872-73	182 1/2	444
1873-74	171	444

Saisons	Produit net par acre en livres	Poids net des balles
1874-75	153 1/2	440
1875-76	177	444
1876-77	171 1/2	440
1877-78	181 3/4	450
1878-79	185 1/4	447
1879-80	206 1/4	454
1880-81	188 1/2	460
1881-82	145 5/8	450

Toutes ces différences, il est facile de le comprendre, ne font qu'embrouiller la question, et nous considérons qu'il y aurait un devoir d'honnêteté, pour le Bureau d'Agriculture en particulier, à établir des statistiques sur des bases fixes et certaines.

Si nous retournons maintenant à l'examen des tableaux relatifs à la production du coton par État, nous voyons un écart sensible entre la Louisiane, qui occupe le premier rang avec 0^b 59 par acre, et la Floride, qui ne produit plus que 0^b 225. Cette inégalité frappante dans le rendement vient de la nature du sol et des conditions climatériques différentes suivant les États, des procédés plus ou moins parfaits de culture, de la rareté plus ou moins grande de la main-d'œuvre et d'autres causes économiques qu'il serait sans doute intéressant, mais trop long, d'étudier ici. Bornons-nous donc à la partie géographique.

TEXAS.

Le plus à l'ouest de tous et aussi le plus vaste est le Texas, dont la superficie est de 313,177 kil. carrés, tandis que la France ne couvre que 233,168 kil. carrés et, par conséquent, 80,207 kil. carrés de moins. Le Texas, à lui seul, pourrait approvisionner le monde entier de coton, dit

M. Atkinson ; en effet, il n'est guère de contrée plus heureusement douée sous le rapport du sol et du climat. Ses côtes s'étendent le long du golfe du Mexique, en terrains plats et peu élevés au-dessus du niveau des hautes mers, de sorte que des digues sont parfois nécessaires pour défendre les plantations ; mais alors celles-ci jouissent d'un climat tempéré et des effluves salines si favorables au coton. Toute cette partie du Texas est composée de terres d'alluvions formées par les détritus d'anciennes rivières et par les dépôts du Colorado, de la Guadelupe et du Brazos, dont la vallée est sans rivale pour sa fertilité. Fertiles aussi sont les *prairies* noires ondulées, vastes surfaces irrégulièrement distribuées entre les vallées et qui abondent par places en petits coquillages blancs, témoignage irrécusable du séjour des eaux de mer sur cette partie du continent. Ces terres sont faciles à cultiver, et peut-être moins exposées que les autres au ravage des insectes parasites du cotonnier.

Le port principal du Texas est Galveston, dont la Bourse est l'une de celles qui règlent le cours du coton. Les marchés intérieurs sont : Houston, Dallas, Austin, Brenham et Jefferson. C'est, de plus, dans ces deux dernières villes que sont les bureaux du *Signal Service*, chargés de communiquer chaque semaine, au Bureau d'Agriculture, l'état des plantations dans la région.

Le coton du Texas est généralement fort et nerveux. Cependant, en 1877, le comité de la Bourse de Galveston déclarait que la qualité baissait d'année en année. La cause, dit le rapporteur, est dans le manque de soin à la cueillette, à l'égrenage et à la direction générale de la plante après la maturité ; elle est surtout dans la négligence du planteur à introduire dans le Texas de meilleures et

nouvelles variétés de graines. Les exportations se font,
d'un côté, par la rivière Rouge, d'où les cotons descendent
jusqu'à New-Orleans; d'un autre côté, par Galveston, qui
a expédié en :

1875-76	236.000 balles.		1879-80	302.000 balles.
1876-77	258.000 —		1880-81	480.000 —
1877-78	225.000 —		1881-82	262.000 —
1878-79	354.000 —			

LOUISIANE.

Terrains plats, formés en très grande partie d'alluvions,
dont les divisions principales sont : le nord du fleuve
Rouge, le sud du même fleuve, la région des eaux de
marée, la région rude, la région Attakapas, celle du pin à
longues feuilles et celle du chêne. La fertilité de ces terrains est compensée par les inondations du Mississippi et,
par les fièvres des marais qui en rendent le séjour malsain.
Dans le sud, la zone du coton ne dépasse guère l'Atchafa-
laya. A mesure que l'on avance vers New-Orleans, la
plante pousse en bois, les capsules mûrissent tardivement.

New-Orleans est le plus grand port cotonnier des États-
Unis. Ses exportations ont été en :

1875-76	1.363.000 balles.		1879-80	1.442.000 balles.
1876-77	1.205.000 —		1880-81	1.636.000 —
1877-78	1.453.000 —		1881-82	1.170.000 —
1878-79	1.244.000 —			

La plupart de ces cotons reçoivent le nom toujours
avantageux et bien payé de « Louisiane », bien qu'ils soient
en grande partie récoltés partout ailleurs qu'en Louisiane.

Cet État ne produit guère, en effet, plus de 500,000 balles, dont les filateurs américains consomment pour leur part une certaine quantité. Comme les courtiers de New-Orleans sont particulièrement habiles dans l'art productif des mélanges, il s'ensuit que le filateur qui, afin de s'assurer une matière première homogène et régulière, achète des lots entiers de plusieurs centaines de balles, reçoit non pas la production d'une ou de deux plantations, mais un mélange quelconque de balles venant de trente ou quarante plantations; les unes de l'Alabama, les autres du Texas ou du Tennessee, heureux encore lorsque la balle ne contient pas un ou deux cotons différents; l'ensemble n'en porte pas moins pour cela le nom de « Louisiane ».

MISSISSIPPI.

L'état du Mississippi, qui n'occupe que le quatrième rang comme importance d'acréage, tient au contraire le premier comme importance de production. Cette simple comparaison montre assez de quelle étonnante fertilité est douée cette magnifique vallée du « Père des Fleuves », et il n'y a plus à s'étonner alors que le Mississippi seul nous donne près d'un septième de la récolte totale.

La nature des terrains y est variable. Dans la vallée même, les alluvions qui composent le sol de Wicksburg à Memphis sont d'une fertilité sans limite. De nombreux cours d'eau arrosent les plantations et en reçoivent le coton, qui descend ainsi sans grands frais jusqu'à la Nouvelle-Orléans. Quant aux inondations d'hiver, qui viennent parfois couvrir les parties basses des vallées, elles retardent sans doute le premier travail des champs, mais la mince couche d'humus qu'elles laissent sur les terres, tout en n'étant pas aussi fertilisante que celle du Nil, n'en compense pas moins largement le retard causé à la récolte. Au nord et à l'est, longeant l'Alabama, sont les terres noires des prairies; le Tombigby, qui les arrose, transporte leurs produits à Mobile. Quant aux hautes terres, elles ne présentent pas la même consistance et souffrent beaucoup des fortes pluies; mais, cultivées avec soin, elles s'épuisent moins vite que les autres et produisent abondamment. C'est New-Orleans qui reçoit presque tous les cotons du Mississippi. Les principaux marchés intérieurs sont : Wicksburg, Meridian et Colombus.

ARKANSAS.

Situé à l'ouest du Mississippi et au nord de la Louisiane, l'Arkansas offre la plus grande ressemblance avec ce dernier État, comme nature de terrains, comme climat, comme puissance de production. Le principal marché cotonnier est Little-Rock, où sont établis les bureaux du *Signal Service*. Les moyens de transport par eau sont abondants; l'Arkansas est navigable jusqu'à plus de 1,000 kilomètres de son embouchure dans le Mississippi; la rivière Rouge, le Saint-François sont également navigables.

TENNESSEE.

Cet État occupe le dernier rang comme acréage et comme production, et, chose remarquable, bien qu'il soit le plus septentrional des États cotonniers, il occupe le quatrième rang comme fertilité. Les terres les meilleures sont celles qui longent l'Alabama, le Tennessee, et aussi celles qui entourent Memphis, Jackson et Paris. La partie orientale, occupée par les Cumberland Range, est très peu productive, et la culture cotonnière ne commence guère qu'aux environs de Nashville. Cette dernière ville et Memphis sont les deux marchés principaux de l'État.

ALABAMA.

De même que le Mississippi, auquel il ressemble singulièrement, l'Alabama est borné, au nord, par le Tennessee, au sud, par le golfe. La région la plus fertile est celle située entre l'Alabama et le Tombigby. Plus au nord, la courbe décrite par le Tennessee limite également des terres à coton excellentes, bien que moins productives; enfin, au centre, sont les riches campagnes connues sous le nom de terres de Marengo, dont la surface est recouverte d'une couche épaisse de terre noire, analogue à celle qui forme les prairies du Texas. De même qu'au Texas, les pluies d'hiver convertissent les routes en fondrières presque impraticables, et où quatre mulets peuvent avec grand'-peine tirer six balles, tandis qu'en été, les mêmes routes sont unies comme une glace et se prêtent admirablement à la rapidité des transports.

Mobile est le principal port d'embarquement, et, après lui, Pensacola ; les marchés intérieurs sont : Montgomery, Selma, Eufaula. Les exportations de Mobile ont été en :

1875-76	244.000	balles.	1879-80	112.000	balles.
1876-77	219.000	—	1880-81	116.000	—
1877-78	164.000	—	1881-82	46.000	—
1878-79	123.000	—			

Cette décroissance est due, sans doute, à l'importance toujours grandissante de New-Orleans.

C'est au nord seulement de la Floride que se cultive le coton, et là même la production est relativement si peu importante que la Floride occupe le dernier rang parmi les États cotonniers.

GÉORGIE.

La Géorgie peut se diviser, à notre point de vue, en trois parties : la Géorgie du Nord, située au delà du 34ᵉ parallèle, comprend les terres connues sous le nom de « Cherokee lands ». La chaîne des Alleghanys y étend ses contre-forts et ses dernières collines ; le pays est montueux et plus propre à la culture des céréales qu'à celle du cotonnier ; 2° la Géorgie méridionale, dans laquelle les alluvions des vallées de la Chattahoochee, du Flint et de l'Altamaha, sont fertiles, et où le district de Columbus, en particulier, produit de bonnes récoltes de coton ; 3° la Géorgie centrale, où la culture s'est le plus développée. La terre est fine et se laisse facilement dégrader par les pluies ; bien cultivée et suffisamment engraissée, elle produirait bien davantage. Nous voyons en effet que la Géorgie ne donne que 0 ᵇ 31 par acre. Le port d'exportation est Savannah, dont la Bourse est la plus importante après celles de New-York et de New-Orleans. Les exportations de Savannah se chiffrent ainsi :

1875-76	370.000	balles.	1879-80	424.000	balles.
1876-77	291.000	—	1880-81	508.000	—
1877-78	351.000	—	1881-82	339.000	—
1878-79	462.000	—			

Les principaux marchés intérieurs sont : Atlanta, siège de l'exposition cotonnière de 1882, Macon, Augusta, Columbus, Rome et Albany.

A la production de la Géorgie, il convient de rattacher la récolte des îles qui longent ses côtes et celles de la Floride et de la Caroline du Sud. Elles produisent le fameux coton Géorgie longue-soie ou «Sea Island cotton», le plus long, le plus fin et le plus soyeux de tous. D'après le rapport consulaire de M. Joël pour 1882, le port de Savannah seul aurait reçu :

En 1881........ 3.471 sacs de Sea-Island.
En 1882........ 2.452 —   —

D'après M. Shepperson, qui, sous la désignation de «Sea-Island», comprend tous les cotons longue-soie, non-seulement des îles et des côtes atlantiques, mais aussi du golfe, l'importance et la distribution des récoltes s'établissent ainsi :

Saisons	Récolte totale	Exportations	Consommation américaine
—	—	—	
1878-79	19.601 balles.	9.662 balles.	10.039 balles.
1879-80	24 862 —	12.474 —	12.119 —
1880-81	35.021 —	17.093 —	17.059 —
1881-82	37.862 —	8.591 —	30.147 —

CAROLINE DU SUD.

Les hautes terres de la Caroline du Sud, comme celles de la Géorgie, sont composées de terres rouges. Les comtés du nord produisent abondamment la qualité ordinaire du coton américain à graines vertes; sur la côte et dans la partie sud de l'État, dans les vallées de l'Edisto, du Santee et sur les bords du Lynch's Creek, le climat et le sol sont plus favorables au cotonnier à graines noires. Le marché et le port principal d'exportation est Charleston, dont le trafic a été en :

1875-76	277.000 balles.		1879-80	316.000 balles.
1876-77	337.000 —		1880-81	442.000 —
1877-78	297.000 —		1881-82	303.000 —
1878-79	376.000 —			

CAROLINE DU NORD.

Le rang relativement élevé qu'occupe la Caroline du Nord comme fertilité prouve que, malgré sa position septentrionale, le terrain et le climat se prêtent encore avantageusement, dans certaines parties, à la culture du cotonnier. Le port principal est Wilmington, qui a exporté en :

1875-76	27.000 balles.		1879-80	37.000 balles.
1876-77	36.000 —		1880-81	70.000 —
1877-78	56.000 —		1881-82	64.000 —
1878-79	65.000 —			

En dehors des ports que nous venons de mentionner, nous devons citer les villes suivantes, dans lesquelles se font aussi les recettes de coton :

1881-82			1881-82	
Norfolk....	332.000 balles.		Boston........	159.000 balles.
Baltimore..	148.000 —		Philadelphie...	12.000 —
New-York..	628.000 —		Divers........	18.000 —

Tel est tracé à grands traits et fort incomplètement l'exposé des conditions de la production du coton aux États-Unis. Nous avons vu quelle a été son origine, quelle est son importance actuelle ; il nous reste à examiner, en terminant cette étude, quel est l'avenir de la culture cotonnière.

Sans avoir la prétention de déterminer les lois de la production américaine, d'en fixer la limite et la valeur, nous pensons que non-seulement nous n'avons point à craindre de diminutions dans les récoltes, autres que celles dues à des causes passagères, comme le mauvais temps, la sécheresse ou une crise financière, mais encore que trois causes principales assurent à la culture américaine un développement continu. Ces trois causes sont :

1. La diminution des frais de production ;
2. La qualité supérieure des cotons américains ;
3. L'utilisation des graines.

1° La diminution des frais de production est la conséquence naturelle d'une culture aussi étendue et à laquelle se rattachent tant d'intérêts, la concurrence amenant forcément à produire ou une qualité supérieure, ou à meilleur marché. « Il est notoire, dit M. Borain, qu'avant la guerre « civile le coton ne coûtait que 6 1/2 à 7 cents, rendu aux « ports maritimes, et, en le vendant 10 à 11 cents, le « planteur gagnait 25 et 30 pour cent. Or, l'émancipation « des esclaves n'a fait que diminuer le prix de revient du « coton, le travail libre produisant toujours plus et à « meilleur marché. »

Aussi, sans entrer dans la discussion des statistiques, il semble admis que le coton coûte aujourd'hui, rendu au port, de 6 à 6 1/2 cents. Nous ne devons donc pas nous étonner de voir un journal américain, le *Chronicle*, de

New-York, déclarer que « des terres fertiles, avec une
« bonne direction et une saison favorable, rendront, à
« 8 cents par livre, plus de bénéfices que n'importe quelle
« autre entreprise industrielle dans le pays ».

De son côté, M. Atkinson, la plus grande autorité des
États-Unis sur ces matières, déclare que, tant que le fermier peut tirer de sa terre la quantité de grains, légumes
et viande, nécessaire pour sa subsistance, le coton qu'il
plante est tout profit pour lui, et qu'il ne cessera de le
cultiver, même si le prix descendait à 8 cents la livre.

Céréales et coton, telle est donc la culture forcée aux
États-Unis ; cette culture est aujourd'hui aux mains de
petits fermiers (1) qui ont pris la place des grands planteurs, et elle se fait avec plus de soin, d'intelligence et
à meilleur compte, bien que, de ce côté encore, il reste
sans doute des progrès à réaliser.

2° Malgré les essais coûteux et les efforts opiniâtres faits
déjà pour développer dans d'autres contrées la culture
du cotonnier et pour affranchir le marché européen de
la dépendance des marchés américains, ce que ceux-ci
appellent les productions du dehors n'aura point réussi
jusqu'à présent à supplanter le coton d'Amérique ; et, tout
en laissant de côté, pour un moment, la question de prix,
ni le coton des Indes, la production en fût-elle doublée, ni
les cotons du Pérou, du Brésil, d'Algérie et d'Australie,
ne causeront jamais la moindre inquiétude aux planteurs
américains. Un de leurs proverbes dit qu'on ne saurait
faire une bourse de soie de la soie d'un cochon ; de même,
expliquent-ils, si, avec les cotons de l'Inde, vous pouvez

(1) Pour le nombre et l'importance des plantations, consulter les
Cotton Facts de M. Shepperson.

faire les tissus communs, pour les articles plus fins et même ordinaires, vous êtes obligé de recourir au coton américain.

Et d'où vient cette prééminence des cotons d'Amérique sur les autres cotons? Nous l'avons vu : elle vient de la richesse du sol, des conditions favorables du climat qui se prête heureusement à la culture des meilleures espèces de cotonniers, de même que le climat humide et brumeux de la Grande-Bretagne se prête mieux que tout autre au travail mécanique de la fibre et constitue l'une des causes de la supériorité industrielle de ce pays. C'est ainsi que, par une disposition naturelle des choses, la matière première se trouve cultivée au point où elle doit le mieux réussir, et qu'elle arrive ensuite au meilleur marché, au point où elle doit être le mieux utilisée. « C'est peut-être « aussi un effet de ce besoin d'échanges, que Dieu a semé « dans le monde, dit M. Louis Reybaud, afin d'en mieux « unir les parties ».

3° Jusqu'à ce jour, c'est pour ses fibres seulement que le cotonnier a été cultivé; bientôt, ce sera pour ses graines, et la récolte du coton, tout en exigeant autant de soins, passera peut-être au second rang. C'est qu'en effet, d'année en année, la valeur commerciale des graines augmente; la production en est abondante et égale à deux tiers en poids pour un tiers de fibres, c'est-à-dire qu'une récolte de 7,000,000 de balles peut fournir 3,500,000 tonnes de graines. De ces graines, les planteurs conservent de 40 à 50 pour cent pour les semailles de la saison suivante, ce qui en laisse environ 1,750,000 tonnes sur le marché. On retire d'abord, par tonne, 10 ou 12 kilog. de fibres courtes, revendues à moitié prix du cours du coton ; puis, de la graine même on retire l'huile, qui, bien épurée, est certainement préférable aux détestables mélanges connus sous le nom d'huile d'olive de Provence. En Amérique, on l'emploie pure, et elle sert aussi à remplacer l'huile de lard. Le résidu est absorbé par le bétail, sous forme de tourteaux, ou employé comme engrais ; de sorte que, grâce à une utilisation si complète, le planteur trouve une nouvelle source de bénéfices dans ce qu'il considérait autrefois comme un déchet onéreux.

« ... Par ces raisons, les récoltes du coton dans le sud « augmenteront nécessairement jusqu'aux limites de la « consommation du monde entier. Le dernier mot n'est pas « dit dans la question du prix de revient, et si nous avons « une courte récolte accidentelle, la diminution de la « culture ne sera jamais, à notre avis, que temporaire, « jusqu'à ce qu'on ait découvert un autre lainage aussi « bon et moins cher que le coton. » New-Orleans, *Price-* « *Current*, 13 mars 1871.

DE LA PRODUCTION DU COTON

DANS L'INDE ANGLAISE.

Lorsqu'aux fibres du coton d'Amérique, longues et fines, douces au toucher, d'une blancheur uniforme et d'une propreté presque parfaite, l'on compare les fibres du coton des Indes, plus courtes et plus grosses, irrégulières de longueur et de nuance, dures au toucher et toujours chargées d'impuretés, l'on est tenté de se demander si les deux fibres sont bien le produit de plantes analogues, et l'on comprend aussitôt l'écart de prix, parfois considérable, qui est offert sur le marché pour les cotons des deux provenances.

Au risque de paraître avancer un paradoxe, nous dirons cependant que la supériorité native du coton américain sur celui des Indes nous paraît très contestable, et que cet écart de prix, qui peut bien, à un certain point de vue, indiquer une différence de valeur réelle, est dû non pas tant à une différence entre les fibres mêmes qu'aux conditions générales dans lesquelles se fait la récolte et l'emballage du coton dans les deux pays. Nous ajouterons même que certaines variétés du coton des Indes sont de beaucoup supérieures à la moyenne des cotons américains. Les « Northern Madras », par exemple, et les « Hingenghaut » présentent un ensemble de fibres beaucoup plus fines, plus fortes et plus soyeuses ; les « Broach » sont également d'une blancheur remarquable ; les belles sortes d' « Oomraw » sont moins longues et moins propres, mais nerveuses et faciles à travailler.

Il est, du reste, impossible de se rendre exactement compte de ce qu'est le coton des Indes, sans étudier les conditions particulières de sa culture, de sa récolte, les efforts faits pour l'améliorer et les causes qui en ont retardé le développement ; étude intéressante, pour le détail de laquelle nous renvoyons le lecteur aux Rapports de l'enquête parlementaire de 1848, à Londres ; au grand ouvrage du docteur Forbes Royle sur la culture du coton dans l'Inde ; aux ouvrages de MM. T. Ellison, Talboy Wheeler et autres, et particulièrement au journal de la « Cotton Supply Association » de Manchester.

La fibre indienne, avons-nous dit, est absolument différente de la fibre américaine. Celle-ci est produite par un sol fertile et bien arrosé, sous un climat chaud et égal ; le cotonnier qui la porte est cultivé avec soin dans les conditions de végétation les meilleures ; aussi il donne des capsules abondantes et remplies de fibres bien régulières. Le coton indien, au contraire, est irrégulier par essence, et ses fibres varient suivant le climat et le sol de la contrée où il est cultivé. C'est qu'en effet, en outre de ces différences importantes déjà, il convient de rappeler que l'arbuste cultivé aux États-Unis est le G. Barbadense et le G. Hirsutum, c'est-à-dire deux variétés inconnues aux Indes, et qui, malgré des essais répétés, n'ont jamais pu,

sauf dans quelques cas isolés, s'y acclimater utilement.
Le cotonnier indien (G. Herbaceum ou Indicum) est une
variété toute autre, dont les caractères sont très nettement
tranchés et dont le mode de développement, la méthode et
les saisons de culture, diffèrent essentiellement de ceux de
la plante américaine.

Le cotonnier indien, suivant le docteur Wight, pousse
plus lentement. Sa racine, unique et droite, pénètre plus
profondément en terre. Il souffre donc moins de la chaleur
et de la sécheresse, à moins que, celle-ci devenant excessive,
le sol ne se crevasse; car alors l'humidité contenue dans
les couches inférieures s'évapore, et l'arbuste, privé de
nourriture, se dessèche et meurt. La plante américaine, elle,
ne peut supporter la sécheresse, et si elle prospère aux
États-Unis, c'est parce qu'elle demande et trouve là une
humidité presque continue. C'est ce qui explique le peu de
succès obtenu dans les essais faits avec les graines américaines, qui redoutent bien moins la chaleur que la sécheresse et auxquelles les terres noires de l'Inde ne pouvaient
précisément convenir.

De plus, aux États-Unis, le cotonnier traverse quatre
saisons distinctes : le printemps, où une quantité modérée
d'humidité à la surface du sol est nécessaire à la germination ; l'été, qui est l'époque de la végétation et où la
plante, pour se développer, puise dans le sol une quantité
abondante d'humidité; l'automne, qui est le moment de la
maturité, du temps chaud et sec; l'hiver, enfin, pendant
lequel a lieu la cueillette. Dès les premières gelées, la sève
s'arrête, la plante se repose.

Or, en Amérique, ces saisons de la plante correspondent
aux saisons naturelles de l'année. Dans l'Inde, au contraire, l'été est la saison du repos; le printemps et l'été du

cotonnier correspondent à la saison des pluies. Ainsi, sur la côte de Coromandel, sous l'influence de la mousson du nord-est, les semailles se font en septembre ; elles ont lieu, au contraire, en mai sur la côte de Malabar, exposée à la mousson du sud-ouest, tandis que, dans quelques localités intermédiaires qui jouissent du bénéfice des deux moussons, l'ensemencement peut se faire en juin. Par suite de cette interversion dans l'ordre des saisons, il arrive qu'en Amérique les graines sont mises en terre alors que la température est encore relativement basse ; mais elle s'élève graduellement en même temps que la plante se développe, et elle atteint son maximum au moment de la maturité des capsules et de la première cueillette. Dans l'Inde, bien que le pays soit situé en grande partie sous la zone tropicale, le cotonnier a à lutter, à mesure qu'il pousse, contre une diminution de chaleur. Au moment où il sort de terre, il est abondamment pourvu de chaleur et de lumière, qui vont ensuite en s'affaiblissant jusqu'à l'époque de la maturité des capsules, pendant laquelle, dans la plupart des provinces, la température est inférieure à celle du Mississippi pendant la saison correspondante de la plante.

Ces diverses considérations nous expliquent, et le peu de succès obtenu dans l'Inde avec les graines américaines, et la faible production par acre des plantations indoues qui ne donnent pas en moyenne 35 kil., alors qu'aux États-Unis le planteur en retire 125 kil. et plus. Mais, si la plante se trouve là dans des conditions de végétation plus favorables, du moins elle a à y redouter plus d'accidents, plus de maladies, d'insectes parasites, de gelées, de coups de vent et de pluie, lesquels détruisent, chaque année, une partie considérable de la récolte. Aux

Indes, le planteur ne redoute guère que les sécheresses prolongées, et, si la plantation produit moins, il y trouve une compensation dans l'extrême bon marché de la main-d'œuvre.

Le coton des Indes peut-il être amélioré? Sans entrer dans de longs détails historiques sur la culture du coton dans la péninsule, nous pouvons dire que la Compagnie des Indes a fait, dans ce but et à plusieurs reprises, des essais presque toujours infructueux. Ces essais, commencés en 1788 par des enquêtes et des distributions de graines, furent renouvelés en 1813 et complétés par l'achat de machines à égrener américaines. En 1818, 1831, 1836, nouvelles expériences, suivies, en 1840, de l'envoi aux Indes de plusieurs planteurs américains, habiles dans la culture du coton, et chargés par la Compagnie de l'enseigner aux Indous; mais, pendant qu'elle faisait ainsi semblant de favoriser la culture du coton, l'honorable Compagnie laissait ses collecteurs d'impôts livrer le pays conquis à un pillage organisé, réduire l'Indou à la dernière misère pour empêcher toute révolte, et taxer même, pendant de longues années, la culture du coton d'un impôt plus lourd et plus élevé que les autres cultures.

Depuis, des efforts ont été faits, sans doute, pour appliquer partout une répartition des impôts plus rationnelle et moins vexatoire; est-ce à dire pour cela que le gouvernement anglais a, nous ne dirons pas, réparé ses torts, mais cherché à développer toutes les ressources du pays et à assurer au cultivateur indou une production économique et profitable en augmentant les facilités de transport, les moyens d'irrigation et tous les travaux publics nécessaires à la culture? Il s'en faut de beaucoup. La famine est, paraît-il, un moyen de gouvernement indispensable aux Indes, et voilà pourquoi les travaux publics y sont systématiquement négligés.

M. Smith MP. disait en 1857 : « L'Inde est capable de « produire une quantité de coton illimitée ; les obstacles « qui l'en empêchent sont (entre autres) : le manque de « routes et de canaux, le manque de travaux d'irri- « gation. »

« L'arrosement des terres, dit le colonel Onslow, assure « la production ; le manque d'arrosement amène la des- « truction complète des récoltes. »

« Les avantages des travaux d'irrigation, dit sir J. Law- « rence, en sauvant le pays de la famine, sont incalcu- « lables. C'est qu'en effet, dans un sol aride et sous un « climat comme celui de l'Inde, la production du coton, « dans un grand nombre de provinces, ne peut être assurée « que par des moyens artificiels d'arrosement. »

Or, que fait le gouvernement de sa gracieuse Majesté ? Au lieu de développer les canaux, les puits, les réservoirs, au lieu d'entretenir les magnifiques systèmes de lacs arti- ficiels et d'aqueducs dont les anciennes dynasties ont couvert le pays, il les laisse tomber en ruine, ne crée rien, et nous voyons même, en septembre 1871, le *Times of India* se plaindre amèrement que le secrétaire d'État pour l'Inde empêche l'arrosement des terres : « The secretary of State stops irrigation ».

L'on conçoit que, dans de telles conditions, l'agricul- ture, et, en particulier, la culture du coton, ne se déve- loppent que lentement et bien incomplètement. Le planteur indou, paresseux et insouciant de sa nature, réduit souvent à la plus grande pauvreté, est obligé d'emprunter aux banquiers pour ensemencer et cultiver ses terres. Sa récolte ne lui appartient donc pas, et les exigences du banquier, jointes à celles du collecteur d'impôts, ne lui laissent souvent aucun bénéfice. Aussi, tant que le planteur sera condamné à cette misère perpétuelle, tant qu'il ne sera pas assuré par un système de longs baux, à rente fixe, de jouir du produit de son travail, il est inutile de lui demander aucune activité, aucun esprit d'initiative et de progrès.

Enfin, il reste au gouvernement anglais un moyen excellent pour anéantir en peu de temps les ressources que ce malheureux pays tire de son sol et de son négoce. Afin de se payer des frais d'administration et des impôts dus en or, le gouvernement émet des traites sur le Trésor indien, et, l'étalon monétaire aux Indes étant l'argent, ce pays doit supporter régulièrement la différence au change ; de sorte que, comme le remarque M. Borain, les Indiens ont beau cultiver la terre, doubler et tripler leurs exportations de cotons et de céréales, il faut toujours qu'ils restent misérables.

L'infériorité du coton des Indes par rapport au coton d'Amérique est donc due, nous le répétons, non pas à la nature même de la fibre, mais à une culture négligée et trop pauvre, qui ne permet pas de tirer de la plante tout ce qu'elle peut fournir, et qui n'obtient qu'une production de 35, de 30, et même de 25 kil., là où un rendement plus que triple serait assuré, le jour où le cultivateur indou se trouverait dans les mêmes conditions sociales et économiques que le planteur du Texas ou du Mississippi.

Il nous reste à examiner maintenant le système déplorable employé par les Indiens pour emballer le coton et l'expédier aux ports européens.

Le peu de propreté du coton des Indes, la quantité considérable de feuilles, de sable, de graines qui y sont mélangés, sont, suivant nous, l'une des causes, sinon la cause principale de la différence de prix entre le produit indien et le coton d'Amérique. L'on a attribué souvent cette impureté de la matière première à la négligence des Ryotts, à leur insouciance profonde pour tout ce qui constitue une innovation et surtout un travail supplémentaire. Or, tel n'est pas le cas le plus souvent, et ces impuretés sont dues non pas à une cueillette mal faite ou à un égrenage défectueux, mais à un mélange ultérieur et organisé des fibres égrenées avec une certaine proportion des impuretés sorties du «gin» ou de la «churka». C'est ce que les Indous ont appelé le *Devil's Dust system*, mesure déplorable et qui ne peut être expliquée que par le désir des Ryotts, écrasés sous les impôts et les redevances, d'augmenter leur faible bénéfice en augmentant le poids du coton. Mais, souvent, le cultivateur est trop pauvre et ne fait pas l'égrenage lui-même ; il livre le coton en sacs ou balles à demi pressées, appelées « dokras », et que l'on transporte soit par chemin de fer, soit à l'aide de bœufs, jusqu'aux ports d'embarquement ou aux marchés intérieurs. Là se trouvent les « gin-houses », de plus en plus répandues sur la surface du pays ; là aussi se pratique l'altération systématique du coton, par les soins du banquier ou du courtier qui, trop limités par les prix qui leur sont offerts, cherchent, avec quelques poignées de graines et de sable, et surtout par les mélanges avec des sortes inférieures, à améliorer leur prix de revient. C'est ce qui explique bien la préférence accordée par les filateurs aux cotons achetés par telle ou telle maison. Le choix des agents aux Indes, et surtout des acheteurs, le choix des intermédiaires, « chitties, brokers » et autres, est la seule garantie que l'on puisse avoir de livraisons régulières et conformes aux échantillons qui ont servi de base aux marchés en Europe. Or, il n'y a pas lieu de le dissimuler, les fraudes systématiques ne semblent point diminuer; au contraire, les journaux de Bombay se plaignent fréquemment du mélange des cotons inférieurs avec les premières sortes. Ainsi, depuis l'abrogation de la loi pour la répression de la fraude sur le coton, d'après le commissionnaire du Sinah, un tiers du coton de ce pays, expédié à Kurrachee, est dirigé de là sur Bombay pour y être employé en mélanges.

Nous n'avons pas actuellement de statistiques sur la production du coton aux Indes; nous ne connaissons que les recettes aux principaux ports, et l'importance de la récolte totale nous est inconnue. Il est certain cependant que l'Inde emploie beaucoup plus de coton qu'elle n'en exporte et que le commerce d'exportation est d'une importance secondaire. M. Borain, dans *le Coton* du 17 septembre 1883, pense qu'on peut estimer la récolte au double des balles exportées. Or, l'Inde comprenant 250,000,000 d'habitants, et les exportations totales les plus élevées, celles de 1882, étant de 1,741,000 balles, ou, en poids, environ 261,000,000 kil., la consommation par tête ne serait que de 1 kil. 05, ce qui nous paraît bien peu. A la grande enquête de 1848, le général Briggs déclarait que le costume indou le plus simple pèse déjà ce poids. Il faut le doubler, si l'on tient compte des costumes plus complets, et aussi des objets domestiques, tels que lits, coussins, couvertures, tentes, selles, cordes, etc. En supposant donc une consommation de 2 kil. par tête d'habitant, nous trouvons en chiffres ronds :

Consommation dans l'Inde........	3,330,000 balles
Exportations totales.............	1,740,000 —
Récolté en 1882.......	5,070,000 balles

Il est bien entendu que ces chiffres ne sont qu'approximatifs et ne comprennent pas les exportations en Chine et en Perse.

Les exportations pour l'Europe se répartissent ainsi dans les douze dernières années.

Exportations des Indes pour l'Europe.

1870	1.224.787 balles.		1877	1.198.000 balles.
1871	1.713.642 —		1878	856.004 —
1872	1.428.564 —		1879	931.783 —
1873	1.302.131 —		1880	1.138.312 —
1874	1.508.292 —		1881	1.206.635 —
1875	1.587.620 —		1882	1.741.889 —
1876	1.300.000 —			

Il nous resterait bien quelques mots à dire de la nature des terrains cotonifères aux Indes. Ce vaste empire présente une grande diversité dans la composition du sol, depuis les terrains d'alluvion du Gange jusqu'aux plaines sablonneuses du nord-ouest, mais les provinces du centre et de l'ouest renferment en abondance une sorte de terrains particulièrement favorables à la culture du cotonnier et que l'on nomme « regur » ou « sol noir ». Il s'étend sur tout le Deccan jusqu'auprès de Nagpore, où il rencontre les terrains plus légers qui recouvrent les formations de roches.

Le « regur » est sans doute une sorte de latérite qu'on ne retrouve guère, en dehors de l'Indoustan, de l'Indo-Chine et de la Chine, qu'au cap de Bonne-Espérance. C'est une argile ferrugineuse, ayant une épaisseur variable de deux à trente mètres, d'une couleur tantôt noire bleuâtre, tantôt grise, absorbant rapidement l'eau, avec laquelle elle forme comme une pâte, pour la rendre en évaporation aux pre-

mières chaleurs ; alors elle se dessèche et se crevasse profondément. Le « regur » se cultive aisément, donnant des
récoltes alternées de coton et de deux sortes de céréales ;
rarement on le laisse en jachère, et toujours il montre une
même fertilité, bien que le cultivateur indou soit avare
d'engrais.

A l'analyse, il donne :

Silice	48.20
Alumine	20.30
Carbonate de chaux	16
— magnésie	10.20
Oxyde de fer	1
Eau et matières organiques	4.30
	100.00

Les sous-sols varient, de la riche argile noire à la roche
basaltique de la plus grande dureté. Les engrais naturels
sont peu employés, et les engrais artificiels ne sont connus
que depuis peu de temps. L'un des meilleurs est, dit-on,
celui composé de 10 parties de phosphate de chaux soluble,
3 parties de sulfate d'ammoniaque, 3 parties de nitrate de
soude et 4 parties de guano du Pérou ; mais ces engrais
demandent une abondance d'eau dont l'Inde et les plateaux
du Deccan surtout sont malheureusement privés, grâce au
manque d'entretien par les Anglais des magnifiques travaux légués par les anciennes dynasties, grâce aussi à
l'encaissement des rivières qui rendent de nouveaux travaux fort coûteux. Là où les pluies sont abondantes, les
terres sont plus fertiles et produisent de riches moissons.
Tel est le bassin de la Haute-Kistna, où sont situées les
terres de Karnata.

La distribution de la production du coton dans l'Inde peut être étudiée géographiquement, en suivant l'ordre des divisions administratives. Chacune des trois présidences cultive des cotons d'espèces différentes, et, dans chacune, les recettes de l'intérieur et du littoral sont expédiées à un marché central, qui est aussi le port principal d'exportation. Calcutta, Madras et Bombay sont les trois grands marchés cotonniers de l'Inde, et, quoique les cours de la Bourse de Bombay soient ceux qui règlent le prix de la matière première, Calcutta et Madras n'en continuent pas moins d'exporter des quantités considérables. Afin de suivre un ordre méthodique dans l'étude des cotons indiens, nous commencerons par ceux de la présidence du Bengale ; puis viendront ceux de la présidence de Madras et enfin ceux de la présidence de Bombay.

PRÉSIDENCE DU BENGALE.

De toutes les espèces si variées du coton indien, ceux qui proviennent de cette présidence sont assurément les moins estimés, et leur prix sur les marchés européens est généralement de 40 à 50 pour cent inférieur aux bonnes sortes de coton d'Amérique. Les fibres sont courtes et grosses, dures au toucher, toujours mal nettoyées et chargées d'impuretés. A cause de ces imperfections, elles se travaillent difficilement et avec un déchet considérable. Ces cotons sont produits : 1º par la province du Bengale ; 2º par les provinces du nord-ouest ; 3º par l'ancien royaume d'Oude.

La province du Bengale est divisée elle-même en deux parties distinctes : le littoral ou « Sea-Board », pays plat formé par les immenses alluvions du Gange et de ses affluents inférieurs, et les hautes terres, dont le sol est plus favorable à la culture du cotonnier.

L'acréage y varie entre 400,000 et 500,000 acres en moyenne, suivant les saisons; mais la production par acre est très faible et ne dépasse guère 50 lbs ang., soit 22 kil. à l'acre. La cause de cette infériorité n'est peut-être pas tant dans la nature des terrains, bien que ceux-ci soient certainement inférieurs aux magnifiques terres noires du Guzerat et du Berar, que dans les variations trop grandes de la témpérarature et une humidité trop abondante.

Les principaux districts cotonniers sont ceux de Patna, Bhagulpore, Dacca, Assam, Chota-Nagpore et Cuttack. Qui n'a entendu parler des fines mousselines de Dacca, aussi légères que la toile de l'araignée et d'un travail plus merveilleux que celui de nos plus fines dentelles? D'après le docteur Roxburg, le cotonnier de Dacca ne serait, avec celui de Berar, qu'une variété du G. Herbaceum, dont il se distinguerait toutefois par un port plus élevé, par son peu de branches, par la teinte pourprée qui couvre toute la plante et même les nervures des feuilles, enfin et surtout par ses fibres plus longues, plus fines et plus douces. Quant aux cotons d'Assam, ils sont cultivés sur les monts Garro et dans les provinces nord-est du Bengale. Ce sont des cotons assez blancs, mais les fibres sont très épaisses et très dures, ce qui en rend l'emploi difficile. En les croisant avec les belles sortes des provinces centrales, le colonel Trevor Clarke en a obtenu un produit remarquable, plus fin, plus nerveux et moins irrégulier.

Le royaume d'Oude, dont le climat est frais et humide, ne produit que peu de coton. Il est arrosé par de nombreuses rivières, dont les principales, le Sardah et le Korallee, forment le Gograh, affluent du Gange. Ces rivières débordent assez souvent ou changent de cours, de sorte que les Ryotts ne sont jamais assurés de jouir des sacrifices qu'ils pourraient faire pour améliorer leurs plantations; aussi, une culture défectueuse, jointe à un choix mal entendu des terrains et aux inconvénients du climat, ont donné des résultats si pauvres que les habitants se sont détournés de la culture du cotonnier. Dans les quatre divisions de Lucknow, Kyrabad, Fyzabad et Baiswara, les plantations ne recouvrent guère plus de 90,000 acres, qui produisent à peine 25 kil. par acre. La plus grande partie de cette production est absorbée par la consommation locale.

Dans les provinces du Nord-Ouest, l'une des variétés de coton les meilleures, du moins pour la couleur, la propreté et la douceur des fibres, vient du district de Munnipore. D'autre part, leur irrégularité est due à une culture souvent mal soignée.

D'après les documents officiels publiés en 1881, la culture du coton dans le Nord-Ouest et le royaume d'Oude occuperait 783,900 acres.

Calcutta est le marché cotonnier de la présidence du Bengale et le principal port d'embarquement. Ses exportations pour l'Europe se sont élevées en :

1870	79.056 balles.		1877	56.000 balles.
1871	301.321	—	1878	8.402 —
1872	270.444	—	1879	178.340 —
1873	147.837	—	1880	143.274 —
1874	21.881	—	1881	153.350 —
1875	60.407	—	1882	155.372 —
1876	21.000	—		

PRÉSIDENCE DE MADRAS.

La présidence de Madras consiste en un vaste plateau s'étendant du 8° au 20° de latitude nord, et incliné de l'ouest à l'est et du sud au nord. Ce plateau s'appuie, à l'ouest, sur les Ghats occidentales, qui s'élèvent à une hauteur moyenne de 1,000 m., et, à l'est, sur les Ghats orientales, qui n'ont, en moyenne, que 500 m. d'élévation, et qui, s'écartant de la côte de Coromandel, laissent entre elles et la mer les plaines irrégulières et généralement sablonneuses de la Carnatique. Sa situation sous les tropiques expose la présidence de Madras à une chaleur excessive et sous laquelle le cotonnier lui-même ne pourrait se développer, si cette chaleur n'était tempérée par l'élévation des plateaux, par le voisinage des deux mers et surtout par l'influence des moussons. Ce dernier phéno-mène, dont l'importance est capitale au point de vue de la production du coton, mérite quelques mots d'explication que nous empruntons à M. Elisée Reclus.

« Les grandes chaleurs qui accompagnent la marche
« du soleil dilatent l'atmosphère de la presqu'île indosta-
« nique et font monter l'air en colonnes dans les régions
« supérieures. L'Inde entière se change en fournaise d'ap-
« pel et les masses aériennes qui reposent sur l'Océan,
« saturées de vapeur, se portent alors sur la péninsule et
« y déversent des torrents de pluie. Du 6 au 18 juin,
« suivant les années, arrivent les premiers orages, pré-
« curseurs de la mousson, puis une accalmie vient, et

« ensuite commencent les pluies régulières, sans lesquelles
« le sol privé d'eau ne produirait ni plantes ni grains. La
« chute des pluies dépasse 7 m. de hauteur sur quelques
« endroits du versant occidental des Ghats ; elle n'est plus
« que de 2 m. dans les plaines basses de Travancor. »

Dans la présidence de Madras, la mousson du nord-est
dure pendant six mois, d'octobre en avril, arrosant plus
ou moins, selon les années, les vastes plaines de la Carnatique et toute la côte orientale de l'Indoustan. La mousson
du sud-ouest, qui dure de mai en septembre, déverse, au
contraire, des masses d'eau sur la côte occidentale, mais
son influence s'étend moins loin dans l'intérieur à cause
de la plus grande hauteur des Ghats de l'Ouest. Enfin,
grâce aux passes et aux percées qui interrompent la chaîne
de montagnes, certaines localités, telles que Salem et Coimbatore, jouissent d'une fertilité plus grande et d'une
humidité particulièrement favorable au cotonnier.

Quant au climat, il offre d'assez grandes variations
suivant les localités. Si on le compare avec celui des
États-Unis, il est à remarquer que, dans ceux-ci, les États
cotonniers sont tous situés au-dessus du 20° parallèle
nord, tandis que la présidence est située au sud de ce
parallèle ; mais cette différence est compensée, comme nous
l'avons vu, par le renversement des saisons, puisqu'en
Amérique le coton est semé en avril et récolté en septembre, tandis qu'à Madras il est semé en octobre et
récolté en mars-avril.

Enfin, la nature du sol dans la présidence ne varie
guère et ce sont les fertiles terres noires ou « regur » qui en
forment le fond. Dans le district de Cuddapah, on le trouve
jusqu'à une profondeur de 10 m. ; à Madura, il ne descend

plus qu'à 3 ou 4 m., et enfin à 2 m. environ près du district de Coimbatore.

Les principaux districts cotonniers de la province sont : Kristna, Nellore, Cuddapah, Kurnool et Bellary, au nord ; Madura, Coimbatore et Tinnivelly, au sud. Toute la région de Kristna et les environs de Guntoor en particulier cultivent le coton, dont une quantité considérable est absorbée par les districts voisins de Vizagapatam et Godaveri. Le coton, récolté pendant la saison sèche, n'est guère nettoyé et emballé qu'en juin, et il est expédié ensuite à Cocanadah qui lui a donné son nom. Les cotons de Cocanadah sont fortement nuancés, assez fins et réguliers. Ils sont particulièrement recherchés de certains industriels à cause de la facilité avec laquelle ils prennent la teinture et surtout l'indigo. L'examen microscopique le plus attentif ne nous a pas permis de découvrir à quelle particularité de leur structure ces cotons doivent leur affinité pour la teinture ; mais nous pensons qu'il serait bon, tout d'abord, de déterminer dans quelles proportions existe cette affinité comparativement à d'autres fibres.

Le port de Cocanadah expédie annuellement de 16,000 à 18,000 balles dont deux tiers vont à Londres, et l'autre tiers est réparti sur le continent. De grands travaux de canalisation avaient été entrepris pour établir une communication permanente par le Godaveri, la Pranhita et la Wurdah, entre Hingenghaut et Cocanadah, mais ces travaux durent être abandonnés, et les cotons des provinces centrales, au lieu de descendre le Godaveri, sont expédiés par chemin de fer à Bombay.

Les exportations de Cocanadah se chiffrent ainsi :

	Angleterre	Continent	Total
1878	10.427	6.600	17.027
1879	11.811	5.151	16.952
1880	13.584	3.844	17.428
1881	»	»	15.124
1882	»	»	34.292

La production du district de Nellore est moins abondante ; le district de Bellary, au contraire, est l'un des plus importants et il expédie des quantités considérables de coton à Madras, Bangalore et Comptah. Les pluies y durent de mai en août et de septembre en novembre, et de la régularité de ces pluies dépend absolument le succès de la récolte. Les terres noires sont les seules où l'on y cultive le coton, qui est plus blanc que les autres variétés de Madras.

Les districts de Kurnool et de Cuddapah, également recouverts de terres noires, sont des plus fertiles. Les grandes pluies tombent en septembre, et aussitôt après les semailles commencent. La floraison a lieu en janvier et la récolte en mars-avril. La cueillette se fait en quatre fois, dont la deuxième et la troisième sont les plus productives. Ces cotons sont désignés sous le nom général de « Western Madras ».

Dans la partie méridionale de la présidence sont les districts cotonniers de Madura, Tinnivelly, Coimbatore et Salem. A Madura, le sol, d'une qualité généralement inférieure, produit fort peu. A Tinnivelly, le terrain paraît très propice à la culture du cotonnier, mais le climat est trop sec, et, dès le mois de mai, les chaleurs deviennent accablantes et détruisent les plantes. Les cotons de Tinnivelly ne sont pas d'une nuance bien franche, mais ils sont plus propres que les « Western ». La ville communique par une voie ferrée avec le port de Tuticorin, situé sur une plage aride et d'une pente insensible, ce qui oblige les navires à mouiller à 4 kil. au large. Les exportations de Tuticorin s'élevaient à un chiffre considérable autrefois :

1870	37.386 balles.		1877	19.000 balles.
1871	89.108 —		1878	73.359 —
1872	82.987 —		1879	44.512 —
1873	77.200 —		1880	15.235 —
1874	89.469 —		1881	7.444 —
1875	48.182 —		1882	19.402 —
1876	62.000 —			

Cette progression, rapidement décroissante, est due sans doute à l'extension des voies ferrées qui relient cette région avec Madras.

C'est ainsi que cette dernière ville reçoit encore les cotons de Coimbatore, situé sur la route et le chemin de fer de Madras à Beïpour, et aussi ceux du district de Salem, pleine fertile qui produit de riches moissons de coton et d'indigo. Toute cette contrée, formée de roches granitiques, n'est recouverte que d'une couche assez mince de terre végétale. La surface est assez ondulée pour assurer un drainage suffisant, et, grâce à une large percée dans les Ghats occidentales, appelée « Palghat gap », les pluies de la mousson du sud-ouest pénètrent dans l'intérieur des terres, depuis le mois de juin jusqu'au mois de septembre, et y entretiennent une humidité bienfaisante. Viennent ensuite les pluies de la mousson du nord-est, après lesquelles se font les semailles. La récolte a lieu en février-mars et par périodes de huit jours de cueillette qu'interrompent des intervalles de repos.

L'étroite langue de terre connue sous le nom de côte
de Malabar produit peu de coton. Le port principal d'embarquement est Comptah, qui reçoit aussi les cotons de
Bellary et une partie de ceux du royaume limitrophe de
Mysore. La plus grande partie de ces derniers est expédiée
à Madras par la ligne de Bangalore.

A l'extrémité méridionale de la presqu'île, les États
indigènes de Cochin et de Travancore produisent encore
moins de coton. La culture est entièrement entre les mains
des banquiers du pays. Les cotons, embarqués à Cochin,
sont dirigés de là le plus souvent sur Bombay.

Si nous remontons maintenant jusqu'à la capitale de la
présidence, nous voyons qu'après Bombay et Calcutta, le
port de Madras est celui dont les exportations pour l'Europe
sont les plus importantes. Elles se chiffrent ainsi :

1870	60.750 balles.		1877	3.000 balles.
1871	190.906	—	1878	33.216 —
1872	141.898	—	1879	51.031 —
1873	140.469	—	1880	37.601 —
1874	137.938	—	1881	29.686 —
1875	172.747	—	1882	80.173 —
1876	100.000	—		

PRÉSIDENCE DE BOMBAY.

La région occidentale de l'Inde anglaise peut se diviser,
au point de vue de la production du coton, en trois parties
distinctes :

1° La présidence de Bombay et ses dépendances ;

2° Le Punjab et le Sindh ;

3° Les provinces centrales et les Berars.

La présidence de Bombay est partagée elle-même en

deux régions. La partie septentrionale, ou « Northern Division », comprend :

Le collectorat d'Admenadab. Cette ville est, avec Veramgaum, l'un des principaux marchés cotonniers du Guzerat, et toutes deux renferment des établissements importants pour l'égrenage et pour le pressage des balles. C'est près d'Admenadab et seulement dans un rayon de quelques kilomètres autour de cette ville que l'on cultive une variété particulière de cotonnier appelée « Lallia ».

Le collectorat de Kaïra, qui borde le précédent, est le moins important de tous en ce qui concerne le coton.

Le collectorat de Surat, qui comprend le sous-collectorat de Broach, est au contraire l'un des plus importants de l'Inde anglaise. L'on a donné longtemps et l'on donne encore souvent le nom de « Surats » à l'ensemble des cotons indiens, et cette désignation implique toujours l'idée de l'infériorité des cotons de l'Inde par rapport à ceux d'Amérique. Il est à remarquer que l'espèce cultivée dans le collectorat de Surat est précisément l'une des plus remarquables de l'Inde, et peut certainement rivaliser de blancheur, de finesse et de force, avec la plupart des cotons américains. La ville de Surat est située à l'embouchure de la Tapti, dont les inondations ont maintes fois menacé de la submerger. Avant la mousson, la Tapti ne verse guère dans la mer que 5 ou 6 m. cubes d'eau par seconde, et, pendant les grandes crues, elle en déverse plus de 25,000 m. Les terrains environnants sont composés de cette épaisse terre noire du « regur », douée d'une fertilité si grande, qui s'étend sur tout le Guzerat, et, en particulier, dans les environs de Broach. Cette ville, qui occupe à l'embouchure de la Nerbuddah une situation analogue à celle de Surat sur la Tapti, est l'un des centres de production les plus importants ; elle reçoit non-seulement les cotons du district, mais aussi ceux de l'État voisin de Baroda. Les Broach sont l'un des meilleurs cotons de l'Inde, d'une blancheur parfois éclatante, bien ouverts et relativement propres ; ils remplacent avantageusement le coton d'Amérique pour les filés communs. La tête de la récolte arrive à Bombay en janvier ; en mars, on ne trouve déjà plus à acheter que des qualités inférieures, et ce qui arrive après la mousson est tout à fait médiocre.

Le collectorat de Kandeish ne fait pas, comme les précédents, partie du Guzerat ; il n'en est pas moins l'un des plus favorisés pour la culture du coton. Les fibres du Kandeish, primitivement courtes et irrégulières, ont été grandement améliorées par l'introduction des graines des provinces centrales, à ce point que les produits du Kandeish sont le plus souvent mêlés aux cotons d'Oomraw et vendus comme tels.

La partie méridionale ou « Southern Division », comprend les collectorats de Dharwar, Kulladghee, Belgaum, Ahmednuggur, Poonah, Sholapore et Cattara. Ces quatre derniers produisent peu de coton.

Le plus important est celui de Dharwar, non-seulement parce qu'il a donné son nom aux cotons des districts voisins, et qu'ainsi il figure seul sur les cotes des courtiers de Londres et du Havre, mais surtout à cause des essais tentés pour améliorer les cotonniers de ce district par le croisement avec l'espèce américaine. Partout ailleurs, les essais faits dans ce sens, et par la Compagnie des Indes et par la « Cotton Supply Association », n'ont abouti qu'à des insuccès, et l'on a dû reconnaître que le cotonnier indigène est le seul qui puisse prospérer dans les terres noires, et, partant, si fertiles du Guzerat et du Berar, comme dans les alluvions du Gange ou les plaines du sud de la presqu'île. Dans le Southern-Mahratta seulement, les cotons exotiques ont été susceptibles de développement. La cause de cette particularité bizarre est restée sans explication et ne paraît en aucun cas résider ni dans la nature du terrain ni dans le voisinage de la mer, puisque les mêmes expériences ont été tentées ailleurs, dans des conditions analogues, avec des résultats tout différents.

Dans le Dharwar, les semailles se font entre la fin d'août et le commencement d'octobre; la récolte a lieu depuis la fin de février jusqu'en mai. Les cotons de provenance américaine mûrissent les premiers et sont généralement prêts à être cueillis vers la fin de janvier; ils arrivent les premiers à Bombay et avant la mousson. Lorsque les arrivages recommencent après les pluies, ce sont des cotons de la seconde cueillette, encore très bons, mais qui diminuent ensuite rapidement de qualité. Les cotons du Dharwar et des districts voisins se vendent sous trois désignations : « Saw-ginned Dharwar, Comptah et Vingola ». La première indique le mode d'égrenage du coton qui est fait à l'aide du « saw-gin » et non pas avec la « churka » indienne; les deux autres sortes tirent leur nom des deux ports d'embarquement sur la côte de Malabar. Les exportations de Comptah diminuent toutefois depuis les aménagements faits au port de Karwar, qui, beaucoup plus sûr que celui de Comptah, sert de refuge pendant la mousson et expédie à Bombay une grande partie des cotons du Southern-Mahratta.

Outre les collectorats dont nous venons de parler et où la culture cotonnière s'étend sur environ 1,440,000 acres, la présidence de Bombay comprend aussi, au nord, plusieurs contrées, telles que la presqu'île de Kattyawar, le Doab et le Budelcund.

Le Doab s'étend du confluent de la Jumna et du Gange aux collines de Siwalik, sur un sol léger, sablonneux et très fertile lorsque les alternances de pluies et de soleil ont lieu régulièrement. L'irrégularité des pluies compromet souvent la récolte, et l'on a cherché à y remédier par de nombreux canaux et à assurer ainsi l'irrigation nécessaire à la végétation. Une partie des cotons du Doab est exportée en Chine; une autre partie est expédiée vers le port de Bombay.

Le Budelcund, qu'arrose également la Jumna, est composé d'une argile noire appelée « mar », absolument exempte de sables et de cailloux et gardant assez bien l'humidité, mais elle se crevasse facilement pendant les chaleurs et rend l'irrigation impossible; aussi les semailles se font en juin, au commencement des pluies, qui détrempent cette argile et procurent au cotonnier une humidité suffisante pendant les premiers mois. La hauteur des pluies est d'environ 1 m. La cueillette a lieu en novembre-décembre, parfois même en octobre; du reste, les terres des deux rives de la Jumna ne sont pas identiques, et la rive sud de la rivière se prête mieux à la culture du cotonnier que les terrains du nord.

Enfin, la presqu'île de Kattyawar, qui, avec les collectorats de la « Northern Division » forme le Guzerat, est l'une des contrées les plus riches de l'Inde, grâce à la fertilité inépuisable de sa terre noire « regur », presque exclusivement consacrée au cotonnier, grâce aussi aux nombreux ports qui en bordent les côtes. Les principaux se nomment : Porebunder, Mangarole, Verawal, Mowa, Bhownuggur, mais ils sont peu profonds et exposés aux vents du large.

Ces ports ont donné leurs noms aux cotons qu'ils exportent
et qui font tous partie de la famille des Dhollerah. Ils
paraissent remarquables de blancheur et de finesse, mais
très irréguliers soit à cause de la nature même du coton,
soit à cause des mélanges de différentes provenances ; mais
ce sont aussi ceux qui, de tous les cotons, font le plus de
déchet à la filature. La ville de Dhollerah elle-même est
située à l'embouchure de la Sabarmati, mais son port est
inaccessible aux navires un peu importants.

Le Punjab et le Sindh produisent des cotons à peu près
analogues. Ces deux pays étaient autrefois couverts par
les eaux de la mer ; aussi la nature du sol diffère-t-elle
complètement de celui du Guzerat, et malgré tous les efforts
faits pour y améliorer la culture du cotonnier, les résultats
laissent encore et laisseront toujours beaucoup à désirer.
Les chaleurs de l'été sont torrides, dans le Punjab surtout,
qui est peut-être, à ce moment-là, la région la plus chaude
de tout l'Indoustan, de sorte que les récoltes dépendent
entièrement de la distribution des eaux. La hauteur
moyenne des pluies ne dépasse guère 1 m.; aussi, les popu-
lations se sont groupées le long des cinq rivières et du
fleuve Indus jusqu'à la mer. Le pays étant plat, les rivières
sont toutes au même niveau et se rejoignent par des canaux
naturels et artificiels qui forment tout un réseau liquide
pendant les mois d'inondation et saturent le sol. Les con-
cessionnaires des canaux et des travaux d'irrigation sont
devenus ainsi les maîtres du pays, et, en échange de la
fertilité qu'ils procurent aux terres, ils prélèvent de lourds
impôts soit sur les petits cultivateurs, soit sur les vil-
lages, là où la propriété et la culture collectives se sont
maintenues. Les principaux districts cotonniers du Punjab
sont ceux d'Umritsur et de Rawul-Pindee, puis ceux de

7

Lahore et de Moultan ; le moins important est celui de Peshawur. Les plantations y recouvrent dans l'ensemble 785,500 acres, d'après les documents officiels de 1881 (1).

D'après le journal *le Coton* (mai 1881), les superficies de terres consacrées à la culture du cotonnier pendant la saison de 1878-79 se chiffraient ainsi :

Nord-ouest et Oude	783.900 acres.
Punjab	785.428 —
Présidence de Bombay	1.438.367 —
Provinces centrales	724.306 —
Total	3.732.001 acres.

Ce qui, à raison d'une demi-balle par acre, donnerait une production totale de 1,866,000 balles.

Dans le Sindh, dont le coton n'est pas plus long que celui du Punjab, mais est moins doux au toucher et moins soyeux, les indigènes, que rien ne peut tirer de leur indolence, au lieu de renouveler leurs plantes tous les ans, laissent le cotonnier croître pendant plusieurs années, ce qui diminue la quantité aussi bien que la qualité de la récolte. Le moment des semailles et celui de la cueillette varient beaucoup, suivant les districts et le terrain ; à Shikarpoor, la cueillette commence en juin. Il n'y a pas dans le Sindh de pluies périodiques, mais seulement des averses plus ou moins fréquentes, et l'irrigation se fait au moyen de puits. Kurrachee est le seul port d'exportation ;

(1) Le premier labourage se fait en mai ; puis, vers le milieu de juin, quand commencent les pluies, ont lieu les semailles ; après l'ensemencement, on laboure à nouveau et l'on herse. Le sarclage et le béchage continuent jusqu'en septembre, où l'on sème l'orge entre les cotonniers. Le coton mûrit en octobre et continue jusqu'en janvier, la meilleure récolte étant celle du commencement.

il expédie en moyenne 15,000 à 20,000 balles par an. Kurrachee prétend, du reste, au titre de Bombay du Sindh ; malheureusement, son port, situé au-dessus des bouches de l'Indus, est constamment ensablé par les alluvions du fleuve, qui remontent le long de la côte du nord-ouest, entraînées par le courant littoral, sorte de ressac de la mousson du sud.

Les provinces centrales comprennent les fertiles campagnes du Berar et de la Wurdah, et les plantations y recouvrent environ 725,000 acres. C'est là que se récoltent les « Oomraw » et les « Hingenghaut », si connus sur nos marchés et si estimés de ceux qui savent les travailler.

D'après M. Rivett Carnac, les districts cotonniers du Berar se subdivisent ainsi :

Berar oriental	Oomrawuttee Ellichpoor Woon	Le coton de ces districts a pour marché principal Oomrawuttee qui leur donne son nom.
Berar occidental	Akolah Booldana Bassim	Le coton de ces marchés va aux marchés de Khamgaum et d'Akote.

La variété la plus estimée est celle d'Akote ; les « Oomraw » sont plus courts et surtout très variables de qualité : après une récolte de soies fines et brillantes, il n'est pas rare de voir la saison suivante ne produire que des fibres sales, ternes et duveteuses. Oomraw et les villes voisines, en particulier Sheagaum, renferment des établissements très importants d'égrenage et des presses ; les balles sont ensuite expédiées par chemin de fer à Bombay.

Au sud du Berar est le district de Barsee, qui produit des cotons courts et de qualité supérieure, mais aussi moins blancs, plus teintés et contenant plus de graine que les « Oomraw »; cependant ils sont souvent expédiés à Bombay comme « Oomraw » et vendus comme tels.

Le coton d'Hingenghaut se récolte surtout dans la vallée de la Wurdah. Il est le produit de deux variétés remarquables, dont l'une, le « Bunnee », est plus précoce, et l'autre, le « Jurree », se récolte un peu plus tard, mais donne un coton plus fin et plus soyeux. Les fibres de l'Hingenghaut sont longues, nerveuses, propres, brillantes et régulières; c'est le premier coton de l'Inde. Ces avantages, il les doit aux conditions géographiques de son lieu d'habitat. Le district de la Wurdah occupe la partie septentrionale de la grande couche de trapp du Deccan ; son altitude est de 300 m. environ au-dessus du niveau de la mer; le sol se compose uniquement de « regur » dont la profondeur moyenne est de 2 à 3 m. Le terrain descend en pente douce vers la Wurdah, suivant les ondulations de la croûte volcanique sur laquelle il repose et qui forment un angle droit avec la rivière. Les pluies, dont la hauteur moyenne annuelle ne dépasse pas 1 m. environ, s'écoulent donc naturellement vers la Wurdah. Ainsi, un sol fertile, un drainage excellent, tels sont les deux grands avantages de ce pays.

Le coton se sème dans la première éclaircie qui suit l'arrivée des pluies. Le sol est sinon labouré, du moins gratté cinq ou six fois à l'aide d'une charrue spéciale appelée « bukhur », de façon à bien l'émietter, puis les graines sont semées en lignes et à peu de distance. Comme les plantes sont petites et ne donnent pas de branches, on peut les rapprocher les unes des autres, plus près que ne le permettraient d'autres variétés. Lorsque les pluies sont revenues, et, en détrempant les terres, en ont fait une sorte de pâte, le planteur doit la briser à nouveau au moyen de labourages fréquents, qui, en même temps, détruisent les mauvaises herbes. Le cotonnier fleurit en septembre; les gousses se forment en octobre et s'épanouissent en novembre, prêtes pour la cueillette qui doit être faite de bonne heure et avec soin, afin d'empêcher le mélange avec le coton des feuilles mortes ou desséchées.

D'après l'Association des filateurs de Bombay, la superficie des terrains cotonifères dans la présidence serait, en 1882 :

Dans le nord	2.231.303 acres.
Au centre....................	3.754.716 —
Dans le sud	2.995.621 —
Dans le Sindh...............	398.093 —
Dans les États indigènes	6.270.191 —
Total.........	15.643.027 acres.

Or, nous voyons que les terres ensemencées de coton étaient, d'après les rapports officiels cités par M. Borain *(le Coton)*, en :

	1878-1879	1879-1880	1880-1881	1881-1882
Dans le nord	207.990 acres.	448.973	495.456	390.896
Au centre...........	717.995 —	743.219	680.530	936.329
Dans le sud	820.429 —	872.241	1.035.322	1.086.683
Dans le Sindh	63.388 —	45.132	54.795	72.252
Dans les États indig.	1.171.450 —	1.648.248	1.926.971	2.315.986
Totaux.....	2.980.872 acres.	3.757.813	4.193.074	4.802.146

Cette augmentation constante de l'acréage, si elle continue comme nous pouvons l'espérer, amènera cet heureux résultat non-seulement de diminuer le prix de la matière première, mais surtout de corriger, par l'abondance des stocks, les désastres que pourrait occasionner le trop faible rendement d'une saison, causé soit aux Indes, soit en Amérique, par les intempéries ou par la guerre, ou par tout autre motif.

Si maintenant nous cherchons quelle est l'importance du commerce des cotons à Bombay même, nous voyons qu'il peut se résumer dans les deux tableaux suivants empruntés à M. Borain *(le Coton)*.

RECETTES DE COTON À BOMBAY (1er janv.-31 déc.).

	1880	1881	1882
Oomraw	400.343 balles.	481.252	716.963
Hingeughaut	17.613 —	21.427	15.075
Dhollerah	339.119 —	522.957	519.970
Broach	218.659 —	116.691	127.737
Comptah	211.602 —	209.461	349.887
Kurrachee	15.393 —	12.516	37.135
Perse	17.143 —	13.723	11.630
Totaux	1.219.872 balles.	1.378.020	1.776.217

EXPORTATIONS DE COTON PAR BOMBAY (1er janv.-31 déc.).

	1880	1881	1882
Pour Trieste	150.957 balles.	152.249	166.721
— le Havre	96.433 —	134.241	113.151
— Gênes	65.053 —	74.033	107.472
— Venise	81.707 —	95.283	92.964
— Anvers	5.050 —	19.722	66.521
— Bremerhaven	24.322 —	61.616	31.184
— Naples	20.280 —	24.700	24.972
— Marseille	35.465 —	29.862	20.042
— Barcelone	38.578 —	12.849	18.025
— Dunkerque	450 —	2.100	12.295
— Odessa	12.720 —	4.500	5.600
— le Pirée	» »	245	3.270
— Port-Saïd	» »	358	760
— Amsterdam	7.302 balles.	10.723	»
— Hambourg	» »	320	»
— Calais	600 balles.	»	»
— Gothembourg	4.800 —	»	»
Balles pour le continent	542.118	627.788	663.068
Balles pour l'Angleterre	379.932	374.995	796.556
Exportations totales	922.050 balles	1.002.783	1.459.924

D'après cette courte étude, il est facile de comprendre de quelles difficultés particulières est entourée la production du coton aux Indes, et pourquoi le mode de culture y diffère si complètement de celui adopté aux États-Unis.

La méthode indoue peut se résumer ainsi :

En général, l'Indou, qui sait combien le cotonnier, par la vigueur de la plante et l'épanouissement des racines, fatigue et épuise la terre, ne le sème qu'après les plantes à semences rondes, pois ou fèves. Les décompositions végétales de ces graminées fournissent au sol un engrais suffisant dans les terres noires. Dans les terrains rocailleux, marneux ou sablonneux, l'on est obligé de recourir aux fumures. Les semailles se font alors plus tôt et la récolte dépend presqu'entièrement de la mousson, qui varie suivant les provinces. Aussi, l'époque des semailles n'est pas la même pour le Bengale et les deux autres présidences. On peut, toutefois, fixer approximativement pour le Berar et le Guzerat le mois de juin, et les deux dernières semaines d'août pour le Dharwar et les districts du Nizam, tandis que, dans la présidence de Madras, l'ensemencement se fait en septembre ou octobre, suivant l'arrivée de la mousson du nord-est. Les travaux de la récolte suivent la même loi et se font en novembre-décembre pour les provinces plus septentrionales et en février, mars et avril dans les autres.

On sème le coton au moyen d'un semoir ajusté de telle façon que les graines soient déposées à une distance de 12 ou 15 centimètres, sur des sillons séparés par un intervalle de 30 centimètres ; un hersage vient ensuite et la plante se montre quelques jours après à la surface. Lorsqu'elle est arrivée à la hauteur de 15 centimètres, elle subit un premier sarclage souvent confié aux femmes. Un instrument en forme de faucille sert à couper les mauvaises herbes, à remuer la surface du sol et à motter le pied des plantes ou à en dégarnir le pied lorsque les tiges sont trop nombreuses. Le sarclage a lieu aussi, quelquefois, avec une houe spéciale traînée par des bœufs. Le champ est ensuite livré à lui-même jusqu'à ce que le fruit ait atteint sa maturité. Généralement, pour épargner la main-d'œuvre, on attend que la plus grande partie des capsules soit épanouie. Par suite de ce retard la laine se trouve souillée de poussière, de feuilles sèches, et le coton passe à cet état d'impureté qui en diminue tant la valeur. Les pluies, qui tombent souvent à la fin de la saison d'hiver, détériorent encore le coton et donnent aux feuilles une couleur noire, que certains filateurs prennent à tort pour l'indice de telle ou telle provenance. Les feuilles, alors desséchées, se flétrissent sous l'action de la pluie, se noircissent, et, se brisant en mille particules, s'attachent à la fibre et en rendent le nettoyage difficile à la filature.

Reste enfin l'égrenage. La facilité avec laquelle se travaille le coton dépend en grande partie de l'état de l'atmosphère ; il s'ensuit que, pendant les temps très humides et surtout pendant les pluies des moussons, l'égrenage est presque totalement suspendu, et qu'on est obligé d'attendre un temps plus sec pour que le coton se détache bien de la graine.

DE LA PRODUCTION DU COTON

DANS LES AUTRES PARTIES DU MONDE.

EUROPE MÉRIDIONALE.

Bien que le cotonnier fleurisse dans le sud-est de l'Espagne, les cotons espagnols ne donnent lieu à aucune exportation, et il est impossible de connaître jusqu'où va l'importance de leur production.

Il en est de même du sud-est de la France, où, malgré les efforts tentés avec succès dans plusieurs départements du Midi, au commencement de ce siècle, la culture du cotonnier n'est jamais parvenue à se développer.

ITALIE.

L'Italie semble être de toutes les contrées européennes la plus favorisée, comme sol et comme climat, pour réussir dans la production du coton. La guerre civile d'Amérique avait, en 1864, stimulé vivement les planteurs italiens, et 220,000 acres furent alors consacrés aux plantations de cotonniers, en même temps que des graines de Louisiane étaient distribuées aux paysans pour améliorer leurs fibres, naturellement courtes, faibles et ternes. Mais cette ardeur s'éteignit bien vite, malgré les encouragements du gouvernement; et, dix ans plus tard, 8,500 acres seulement restaient occupés par la culture cotonnière. La zone où elle semble le mieux prospérer est celle qui s'étend sur les bords de la mer Adriatique, du sud au 43° de latitude. D'après MM. Barral et Dollfuss, la variété blanche de Siam est la seule qui réussit bien. Les principaux lieux de culture sont : Bari et Barletta sur l'Adriatique, Salerne, Saron et Castellamare, sur la Méditerranée; et enfin les provinces de Caltanisetta et Girgenti sur les côtes de Sicile. Les cotons italiens sont connus sous le nom de « Pugliar, Castellamare, Biancavilla et Terranova »; mais il ne s'en exporte guère plus d'une vingtaine de mille kilog.

Au nord, la Sardaigne, au sud, Malte, donnent quelque peu de cotons très courts et de qualité inférieure. Plus à l'est, l'île de Chypre cultive également le coton dans la province de Messaorea et dans les plaines de Morpho et de Nicosie. La meilleure sorte cependant vient de Lefka et de Kythrea; mais la production totale n'est que d'un millier de tonnes environ, et complètement insignifiante, en comparaison de ce que pourraient produire ces îles.

TURQUIE, ASIE MINEURE.

Une grande partie de l'Empire Ottoman serait admirablement appropriée à la culture du coton, mais, là comme en Italie, l'élan donné par la guerre d'Amérique fut de courte durée. Avec les cotons de Salonique, les produits du district de Smyrne sont les plus connus; l'une des particularités, et aussi l'un des inconvénients de cette dernière sorte, est l'adhérence très grande des graines à la capsule, qui oblige à cueillir la capsule entière et à la soumettre à un traitement mécanique qui en dégage les graines avant l'égrenage. Les plantations sont situées généralement dans les plaines et sur les versants du Méandre et des autres cours d'eau descendant de la chaîne du Sultan Dagh.

Les cotons turcs reçoivent les noms des districts où ils poussent; les principaux sont : « Cassaba, Aïdin, Denizli, Kirgagatch et Danidir ». On les classe en « tchikrik » ou non égrenés, et en « subutcha » ou égrenés. Le débouché principal est le marché de Smyrne. Les cotons d'Adana viennent de Tarsus et sont expédiés à Mersina, qui exporte annuellement près de 35,000 balles. Tous ces cotons sont mal cultivés, mal nettoyés et très peu homogènes. L'exportation annuelle ne dépasse guère 75,000 balles, qui se répartissent entre les ports du sud de l'Europe, tels que Trieste, Barcelone, Marseille et Gênes. Le peu d'importance de la récolte, si on la compare à ce que pourraient produire des contrées aussi favorisées, est dû à l'insouciance des paysans musulmans pour la cueillette, l'égrenage et le classage de leurs produits. Ils sèment en novembre et décembre de façon à ce que la plante passe l'hiver en terre, et ils ne s'en occupent plus jusqu'à la récolte, qui a lieu en août et septembre. Les plaines voisines d'Alexandrette et de Tarsus, les districts montagneux de Naplouse et d'Anagreath produisent le coton sans irrigation, l'eau étant rare dans le pays.

AFRIQUE.

Égypte. — Le coton forme le principal article d'exportation de l'Egypte, et sa culture date du commencement du siècle. En 1821, Mehemet-Ali fit ramasser et semer la graine d'un cotonnier sauvage trouvé dans un jardin au Caire, et le haut prix obtenu aussitôt pour ce coton fit que la culture s'en développa rapidement dans la Basse-Égypte. En 1838, un négociant français, nommé Jumel, introduisit des graines de « Sea-Island », en étudia avec grand soin le développement, et en fut récompensé en voyant son nom donné au magnifique produit dont il avait doté le pays. Le coton Jumel, en effet, bien que la qualité en soit aujourd'hui inférieure à ce qu'elle était autrefois, reste toujours l'un des plus estimés, et vient immédiatement après les cotons « longue-soie ».

Les principaux districts cotonniers se trouvent dans le delta du Nil et se nomment : Mansourah, Melgamma, Meltra-Non, Zugureck, Mettray et Toga. Le port d'embarquement est Alexandrie, dont les exportations se chiffrent ainsi :

	1878–1879	1879–1880	1880–1881	1881–1882	1882–1883
Grande-Bretagne.	174	291	258	246	236
Continent........	81	165	147	177	93
Milliers de balles.	255	456	405	423	329

Le poids moyen des balles, d'après M. Shepperson, était de 285 kil. en 1879-80 et 1880-81 ; 295 kil. pour 1881-82, et 298 kil. pour 1882-83.

D'après M. Borain, les récoltes égyptiennes seraient, en cantars, de 43 kil. 237 pour :

1871–72	2.044.254 cantars.	1876–77	2.773.258 cantars.
1872–73	2.298.942 —	1877–78	2.593.670 —
1873–74	2.538.351 —	1878–79	1.683.749 —
1874–75	2.106.699 —	1879–80	3.198.800 —
1875–76	2.928.493 —	1880–81	2.776.400 —

L'importance de lá production cotonnière en Égypte
serait facilement doublée, et même triplée, si plusieurs
causes n'en retardaient le développement.

C'est d'abord le peu de soin donné à la culture, et, en
particulier, au choix des graines. Non-seulement les
fellahs ne se préoccupent aucunement de l'amélioration
de leurs semences, mais l'égrenage se fait dans des conditions déplorables : les graines bonnes et mauvaises se
trouvent mélangées ; les plantations dégénèrent et la
qualité du Jumel diminue peu à peu.

Une autre cause de la détérioration des fibres consiste
dans la pauvreté du sol qui n'est jamais fumé ni engraissé,
et qui se trouve, à la longue, privé des sels indispensables
à la végétation, le planteur égyptien comptant toujours
sur le limon du Nil et la fertilité qu'il apporte avec lui.
Pendant ce temps, non-seulement les plantes appauvries
produisent un coton moins fin, mais le rendement par
« feddan » diminue également, et telle est l'importance de
cette seconde cause que l'Association des filateurs de Manchester a cru devoir la signaler, il y a peu d'années, à
lord Derby, alors chef du «Foreign Office». Mais comment
empêcher les Égyptiens d'utiliser comme combustible la
fiente de leurs animaux, au lieu de la laisser sur le sol
qu'elle enrichirait des phosphates et des autres sels nécessaires à la culture ?

Enfin la misérable condition politique et sociale du
peuple égyptien ne nous permet guère d'espérer de si tôt
une amélioration prochaine dans la nature des produits
qui nous viennent de ce pays, cependant naturellement si
riche, et que l'antiquité appelait le « grenier du monde ».
Aujourd'hui, le pays est livré à l'arbitraire ; les impôts y
sont fixés suivant les caprices d'un gouvernement toujours

besoigneux et despotique; ils sont perçus d'avance et causent la ruine d'une agriculture pauvre, ignorante et sans initiative. A quoi servirait, du reste, aux fellahs, de développer une culture qui devient pour eux la source de charges d'autant plus lourdes qu'elle leur rapporterait davantage. Ajoutons que, pour achever leur ruine, le viceroi réquisitionne chaque année tous les chemins de fer du pays pour transporter d'abord les produits de ses propres plantations, et en tirer ainsi les meilleurs prix.

La culture égyptienne est fondée sur deux procédés. Le premier, appelé « bahib », laisse presque tout à faire au Nil. Grâce aux débordements périodiques du fleuve, tout le Delta se trouve couvert d'eaux limoneuses qui, en se déposant sur le sol, y laissent une couche fertilisante. C'est vers le 1er novembre que les eaux du Nil atteignent leur plus grande hauteur; lorsqu'elles se sont retirées, le fellah laboure profondément, pour semer en février et récolter en septembre. Le second procédé, appelé « misgoroth », est peu employé; il consiste en arrosages artificiels. Dans chaque cas la plante donne en moyenne 25 à 35 capsules. Plus tôt peut se faire la cueillette, et moins le coton est exposé aux changements atmosphériques et surtout aux brouillards qui se produisent ordinairement pendant l'automne. Ces brouillards, qui arrivent vers le mois de septembre, sont formés par les vapeurs de la mer, et les sels qu'ils contiennent brûlent le coton arrivé à maturité, et causent des dégâts d'un certaine étendue, quand la récolte est tardive.

A côté du coton Jumel, nous devons mentionner une sorte différente, laquelle a reçu le nom de « Bamia ». Cette variété nouvelle, découverte il y a peu d'années à Menoufich, est un croisement entre le « bahmieh » *(Hibiscus esculentus)* et le cotonnier ordinaire, le premier ayant

sans doute fécondé le second au moment de la floraison.
La culture de cette espèce hybride fut aussitôt entreprise
sur un grand nombre de plantations; mais les spéculations
et les fraudes auxquelles elle donna lieu, surtout sur les
graines, amenèrent, et pour le planteur et pour l'acheteur,
des déceptions nombreuses. Ces déceptions ont nui grandement au développement d'un produit qui eût pu devenir
peut-être avantageux.

ALGÉRIE.

La culture du cotonnier n'y date guère que de 1850, et
cinq ans plus tard, à l'exposition de 1855, 150 planteurs
algériens exposaient 250 échantillons de qualités supérieures et comparables à celles des Géorgie longue-soie.
C'est surtout dans la province d'Oran, à cause de son
climat plus favorable, que le cotonnier s'était le plus développé; de 4,000 kil. en 1853, la production atteignait son
apogée en 1866, avec un rendement de 8,000 à 9,000 quin-
taux. Ce qui encourageait les planteurs, bien plus encore
que les primes officielles, c'étaient les prix élevés résultant
de la guerre d'Amérique; avec la baisse des prix com-
mença la décadence. En 1871, la production n'était plus
que de 271,000 kil., et, en 1876, le nombre des planteurs
se réduisait à cinq, la superficie plantée à 36 hectares,
et la quantité égrenée à 14,200 kil. Cette culture paraît
donc absolument abandonnée; peut-être serait-il possible
de la reprendre dans les plaines irriguées, à la condition
d'employer de nouvelles méthodes! Des tentatives nouvelles, faites sur les confins du Sahara, et notamment dans
l'Oued Rir, ont donné d'assez beaux résultats.

Les deux pays voisins de l'Algérie, le Maroc et la
Tunisie, ne sont pas moins heureusement doués pour la
production des plus belles sortes de coton, mais aucune
entreprise n'a encore réussi. Une Société de planteurs
avait été fondée à Tunis en 1855, grâce aux soins de la
« Cotton Supply Association » ; la même association avait
envoyé au consul anglais, à Tanger, plusieurs centaines
de sacs de graines pour être distribués dans le pays. Soit
insouciance de la part des Arabes, soit méfiance, la culture n'a jamais pris d'extension. Là, du reste, comme en
Algérie, les incursions des Arabes et leur hostilité per-
sistante empêchent toute entreprise sérieuse.

CÔTES D'AFRIQUE.

En descendant la côte occidentale d'Afrique, nous trouvons les territoires de Sierra-Leone, Liberia, Lagos, Fer-
nando-Po, où le coton est indigène et pousse sans culture.
Des efforts considérables ont été faits, il y a une vingtaine d'années, pour stimuler les noirs et les convaincre
des avantages qu'ils trouveraient à cultiver le coton ;
les résultats sont nuls jusqu'à présent. Les mêmes efforts
ont été tentés, mais avec plus de succès, dans notre
colonie du Sénégal, et les échantillons de coton séné-
galais que l'on voit au muséum de Rouen montrent quels
produits magnifiques peut donner une culture intelligente.
L'exportation était, il y a quelques années, d'environ
90,000 kil., mais dont une partie, il faut le reconnaître,
était de qualité inférieure, à fibres dures, cassantes et
difficiles à travailler.

Nous ne savons que peu ou point ce qui se passe dans

l'intérieur de l'Afrique. D'après le Dr Livingstone, on y cultive largement le coton, pour en tisser à la main les vêtements des femmes, les hommes se contentant de peaux ou de moins encore.

Déjà, en 1859, Livingstone disait que la qualité du coton cueilli dans les contrées méridionales du lac Nyansa est d'une qualité tout à fait supérieure ; de plus, la croissance y persiste bien plus longtemps qu'aux États-Unis. Les natifs n'ont besoin de renouveler le plant que tous les trois ans pour avoir le meilleur coton du monde.

Sur le littoral oriental de l'Afrique centrale, les grands fleuves et leurs affluents offrent un plus facile transport de l'intérieur à la mer ; mais les indigènes ne se soucient guère de ramasser du coton, qui croît à l'état sauvage, que ce dont ils ont besoin pour leur propre usage.

Le grand défaut du coton de l'Afrique centrale, c'est qu'il n'est pas bien égrené, ni nettoyé par les indigènes. Il ne coûte, rendu à la côte, que 4 doll. 1/2 environ par liv. ang.

Dans le sud, à Port-Natal, au contraire, les Anglais cherchent activement à développer la culture cotonnière. La plante y pousse admirablement, et y donne, sans soins particuliers, des fibres longues et d'un brillant égal à celui de la soie. Dans la vallée d'Unkomas, l'acre donne 200 liv. ang. de coton égrené, c'est-à-dire plus qu'en Amérique même ; mais la grande difficulté est d'assurer au cotonnier le travail continu et régulier qui lui est indispensable. Or, les Cafres travaillent le moins possible et laissent à leurs femmes le soin de les entretenir ; l'économie sociale du pays a donc besoin d'être réformée avant que nous puissions compter sur une production régulière des plantations sud-africaines.

BOURBON.

Le cotonnier de Bourbon, petit arbre robuste, symétrique et à branches nombreuses, présente la forme d'une pyramide. La capsule est petite, ronde, très lisse, à l'encontre des espèces dont la surface est granulée. Les graines sont également lisses, noires et petites; la fibre est longue, soyeuse et de bonne qualité. C'est pourquoi les efforts les plus grands ont été tentés pour l'acclimater aux Indes, et avec succès, car l'on y rencontre maintenant le cotonnier Bourbon parfaitement naturalisé. Londres est le principal marché de ces cotons, mais ne reçoit guère de Bourbon plus de 1,500 balles, en moyenne, par an.

Sur la côte orientale, plus au nord, s'étend le district de Zanguebar, qui ne produit pas de coton; toutefois, un savant anglais y a découvert une sorte de cotonnier sauvage qui porte son nom et qui a été décrit aussi par le Dr Maxvell Masters, comme *G. Kirkii* (Mast.). Sir John Kirk a trouvé ce cotonnier à Dar-Salam, près des lacs Nyassa et Tanganyika, le long des vallées du Zambèse, du Shira et du Rovuma.

ASIE.

Parmi les régions cotonifères dont la production nous reste inconnue, nous citerons l'Asie centrale, et, en particulier, Bokhara et le Turkestan. D'après le *Wedom*, journal du Turkestan, à partir du 17 juin jusqu'au 1er octobre, deux trains de coton, composés de 20 à 33 wagons, partent chaque jour d'Orembourg pour Nijni-Novgorod et Moscou. Avec l'augmentation de production qui s'annonce dans cette région, au dire du *Textile manufacturer*, on peut supposer la récolte totale de 30,000 balles de 270 kil. chacune. La vallée de l'Arys marque la limite nord de la zone du coton dans le Turkestan, mais l'on voit aussi des plantations aux environs de Tashkent. Ces cotons ont peu de valeur, tant à cause de l'infériorité naturelle des fibres qu'à cause de leur égrenage défectueux. Dans le Bokhara, qui produit environ 35,000,000 de kil., le coton reçoit une culture meilleure et se rapproche davantage des sortes américaines.

Puis vient Khiva avec 9,000,000 de kil. et des plantations dont le rendement par acre atteint les limites les plus élevées, et enfin le Kokand, qui produit près de 5,000,000 de kil.

Tous ces cotons sont employés par la Russie, qui cherche, en faisant améliorer la culture, à se rendre indépendante de l'Amérique, et qui en développperait encore plus la production, sans les frais coûteux de transport par terre que des voies ferrées viendront sans doute diminuer un jour.

Quant aux cotons de Perse, dont les plantations les plus importantes se trouvent autour d'Érivan et sur la frontière orientale, ils sont durs, gros et assez mal nettoyés. Ceux des provinces septentrionales ne valent même pas le transport jusqu'à la mer Noire ; ceux des provinces du sud-ouest sont un peu supérieurs. Une faible partie est exportée à Bombay, où on les fait passer sans doute en les mélangeant aux cotons de l'Inde.

CHINE ET JAPON.

Le cotonnier de Chine, l'une des variétés du G. Herbaceum de l'Inde anglaise, fournit un coton blanc récolté et égrené avec soin, mais gros et peu flexible. On le cultive surtout dans les provinces de Hankow et de Shang-Haï, dont le sol est constitué par une argile forte que l'on engraisse avec les curages des étangs et des fossés, boues riches en matières végétales décomposées. La plantation a lieu en avril et mai ; la cueillette se fait vers le mois d'octobre. Disposé ensuite sur des trémies pour être séché au soleil, le coton est enfin égrené avec la « churka » indienne et battu à la corde, ce qui le rend particulièrement propre et supérieur, sous ce rapport, aux cotons des Indes. L'exportation est à peu près nulle.

Outre la province de Shang-Haï, les autres districts cotonniers sont, dans la province de Canton, ceux de Lienchow et de Fayuen ; le coton y est soyeux, mais sans force. Les fibres les plus longues sont celles récoltées dans la vallée du Ngo-Chiao.

Le Japon cultive également une variété du G. Herbaceum dont les caractères diffèrent beaucoup suivant les districts, mais qui réussit dans des endroits beaucoup plus froids et plus humides que n'importe quelle autre variété. La graine, bien trempée dans l'eau, se sème au commencement de mai dans un terrain léger et bien drainé. La plante apparaît sept ou huit jours après, et l'on en fume le pied avec des détritus de poissons. L'éclosion des capsules a lieu au commencement de septembre ; elles sont plus petites que celles du cotonnier de Chine, mais le coton est de meilleure qualité et plus fin, bien que les fibres soient très courtes. A cause de cette petitesse des capsules, l'arbuste produit environ moitié moins qu'aux États-Unis; les Japonais, du reste, ne considèrent le coton que comme une récolte secondaire et ils ne font généralement leurs plantations que dans les champs d'orge, entre les sillons. La récolte japonaise est incertaine, et souvent le Japon se trouve dans la nécessité d'importer de la Chine ou des Indes. C'est ainsi que ces exportations montaient, en 1873, à une valeur de 146,500 dollars; en 1874, à 115,500 dollars, et, en 1875, à 255,700 dollars.

Dans l'empire de Siam, le climat et le sol sont également favorables au cotonnier; il n'est guère cultivé cependant que dans le district de Laos, parce que, là-bas comme chez nous, paraît-il, les bras manquent à la culture. Notre colonie française de la Cochinchine possède un coton courte-soie doué d'une grande tenacité et très apprécié des Chinois. Les plantations y occupaient, en 1880, plus de 2,000 acres se répartissant ainsi : Vinblond, 1,500 environ; Saïgon, 350; Bassac, 200, et Mytho, 100. La récolte de 1879 fut en partie détruite par les grandes pluies; celle de 1878 avait été de 34,384 piculs de 65 kil. 25.

OCÉANIE.

L'Océanie fournit, elle aussi, son contingent à la production générale du coton, et si ce contingent est faible comme quantité, il n'en cède guère, comme qualité, aux plus beaux cotons du monde. Les centres principaux de la production sont l'Australie et les îles Fidji.

Dans l'Australie, la culture du cotonnier, restreinte d'abord au voisinage immédiat de Moreton-Bay, s'est étendue ensuite jusqu'aux hauts plateaux de Queensland. Sur une vaste surface occupant sur les côtes une longueur de plus de 500 kil. et s'avançant de près de 150 kil. dans l'intérieur, l'on trouve de riches terrains d'alluvion admirablement propres à la culture, et le coton récolté à 200 milles des côtes n'est pas inférieur à celui récolté au bord même de la mer. La plante produit abondamment, et l'acre rend, comme dans les meilleures terres d'Amérique, plus de 135 kil. de fibres nettoyées. On fait les semailles vers le commencement d'octobre; la floraison a lieu en décembre, et la cueillette à fin janvier.

ILES FIDJI.

C'est il y a peu d'années seulement que, pour suppléer à l'insuffisance de la récolte américaine en cotons longue-soie, l'on tenta d'obtenir ces mêmes cotons des îles Fidji. L'on y porta des graines choisies de la Géorgie; les meilleurs procédés de culture furent enseignés aux indigènes, et, du premier coup, le coton obtenu fut d'une qualité telle qu'il obtint trois médailles d'or à l'exposition de Paris, et que, sur les bulletins de Londres et de Liverpool, le « Fidji » vient immédiatement après le « Sea-Island », avec un faible écart de prix. C'est peut-être le coton le plus fin du monde; la récolte peut en être aussi abondante dans ces îles que dans celles des côtes de la Géorgie, et les exportations atteignent actuellement environ 300 tonnes. Parmi les trois ports de l'Archipel, Levouca est le plus important.

L'archipel de Tahiti, qui appartient à la France, produit

aussi de très beaux cotons longue-soie, expédiés en grande partie à Hambourg et à Liverpool. Le cotonnier qui, là, est de la variété arborescente, produit, par arbre, environ 3 kil. 1/2 de fibres longues, soyeuses, d'un blanc un peu teinté, égales en finesse au Jumel. En 1882, l'archipel de Tahiti a exporté 525 tonnes de coton, et, en graines, près de 1000 tonnes, ce dernier article s'exportant largement lorsque le fret est très bas.

Enfin, Java produit trois espèces de coton, dont la principale, presque exclusivement employée, est encore une variété du G. Herbaceum. Elle est plantée sur le penchant des collines, et donne son coton en moins de trois mois. La plante est robuste, mais la fibre paraît plus grosse et moins abondante que sur le cotonnier indien.

AMÉRIQUES DU SUD ET CENTRALE.

Les Indes occidentales produisaient autrefois la plus grande partie du coton importé en Angleterre; c'étaient des longues-soies, connues sous le nom d'« Anguilla », et originaires du Honduras. Peut-être la qualité de ce coton n'a-t-elle été jamais surpassée; aujourd'hui, la production en est insignifiante. Les désignations les plus connues sont le « Porto-Rico, le Haiti et le Cuba ». Nos colonies de la Guadeloupe et de la Martinique produisaient aussi des cotons longs et forts, très propres, un peu durs et légèrement beurrés. L'exportation ne dépasse guère une trentaine de mille kil. La « Trinité de Cuba », dit également le Dr Pennetier, fournit un coton long et très propre; de nombreux points blancs caractéristiques adhèrent à la fibre. La culture de la canne à sucre et du café a peu à peu remplacé dans ces îles la culture du cotonnier.

Dans l'Amérique du Sud, la Colombie nous donne les « Cumana », battu et non battu, et le « Carthagène ». Dans le Venezuela les meilleurs cotons viennent des districts de Barcelona et de Maturin. Ils sont blancs, à soie longue, nerveuse, et leur préparation ne laisse rien à désirer. Le « Mottril » vient de la république de Grenade et a quelque analogie avec le « Pernambuco », auquel il est pourtant inférieur.

L'Équateur est encore plus petit producteur ; les exportations de Guayaquil ne dépassent guère 10,000 kil. en moyenne. Il en est de même pour la Guyane, qui, autrefois, fournissait à l'Europe quelques-uns de ses plus beaux cotons, et qui produit encore aujourd'hui des longues-soies et des courtes-soies ; mais les exportations de Surinam, qui s'élevaient encore, en 1821, à 1,500,000 kil., étaient tombées en 1850 à 500,000 kil. et n'étaient plus enfin, en 1878, que de 85,000 kil.

BRÉSIL.

Les cotons du Brésil et du Pérou forment le trait d'union entre les cotons d'Égypte et ceux d'Amérique, dont ils possèdent la plupart des qualités, sans en avoir toutefois la régularité. Nous avons vu que le cotonnier cultivé dans ces deux provinces de l'Amérique du Sud est une variété particulière, le G. Acuminatum ; mais celui connu commercialement sous le nom de « Santos » vient de la graine de Louisiane, et paraît admirablement prospérer. L'on doit cette sorte nouvelle aux efforts intelligents de M. Aubertin, alors directeur des chemins de fer de la province de San-Paolo. Malheureusement, là, comme dans les autres provinces du Brésil, les voies de communication manquent presque totalement, et le développement du cotonnier a dû s'arrêter devant le double obstacle de la cherté du transport et de la main-d'œuvre, les Fazendeiros ne se préoccupant guère, du reste, des soins qu'exigent la cueillette et l'égrenage du coton. Le long des côtes, où ces deux obstacles sont moins grands, ce sont les pluies qui détruisent souvent une grande partie de la récolte. Les principales désignations sont :

Les « Pernams » et « Ceara », cotons propres, réguliers, forts, mais peu brillants ;

Les « Maranhams », dont la propreté et la nuance laissent parfois à désirer ; ils sont plus forts et plus gros que les deux précédents. L'on tire aussi ces trois sortes des États situés au nord du Brésil.

Enfin, le « Bahia », dont les fibres plus fines, mais peu régulières et peu ouvertes, sont souvent mal nettoyées.

La récolte totale du Brésil est d'environ 3,000,000 de kil.

La culture du cotonnier, après s'être développée avec succès jusqu'en 1850, a éprouvé ensuite une diminution marquée. Les principales causes de ce ralentissement provenaient non-seulement des obstacles que nous avons énumérés déjà, mais encore des ravages des insectes, et surtout de l'importance croissante de la culture du café.

Le cotonnier du Brésil a reçu le nom de « Kidney cotton » ou « coton à rognons », à cause de cette particularité remarquable que présentent les graines de rester

comme soudées les unes aux autres, de façon à former une
masse compacte, qui ressemble assez au rognon d'un animal. Leur adhérence est si grande que le « gin » ne peut
les séparer, et qu'après l'égrenage elles conservent la même
forme. La plante est robuste, atteint de hautes dimensions
et produit pendant plusieurs années une quantité abondante de coton. Originairement, les « Pernams » du commerce étaient le produit du G. Acuminatum ; aujourd'hui
l'on donne ce nom au produit de plusieurs espèces de
cotonniers dont Pernambuco est le marché principal.

PÉROU.

La situation topographique du Pérou et les particularités de son climat donnent aux cotons de ce pays un aspect
différent de celui des autres cotons. Ce sont, en général,
des fibres assez longues, nerveuses, mais aussi très dures
au toucher et sans souplesse. Les sortes principales sont
celles désignées sous les noms de « Rough Peruvian », la
plus dure de toutes, « Pisco, Elias, Somanco et Casmao ».
Au Pérou, le cotonnier est arborescent et perannuel ;
il peut, à cause de cela, être semé à tout moment. La
cueillette commence après le solstice de décembre, pour se
continuer jusqu'en février et mars. La première année produit peu, mais la deuxième année produit déjà cinq fois
plus. Les trois variétés de cotonniers péruviens sont :
1° L' « Imbabura », aux larges feuilles velues et aux
graines plus ou moins couvertes d'un fin duvet rose ou brun,
et même vert dans certaines variétés des Indes équatoriales ;
2° Le « Téai cotton », dont les graines, plus lisses, varient
de formes et de dimensions et produisent un coton plus fin ;

3° Le « Criollo », qui donne le coton « Payta » du commerce, du nom du port d'embarquement. Les graines en sont absolument lisses et les plus grandes de toutes les graines américaines. Cette plante est d'une production lente, mais d'une assez bonne qualité. Sous l'équateur, elle entre en floraison à n'importe quelle époque de l'année.

CONCLUSION.

Pour résumer cette question si importante de la production de coton dans le monde, nous empruntons au *Daily Post* de Liverpool, du 31 mai 1883, les chiffres suivants :

	Récolte	Exportation	Consommation
États-Unis	6.675.000	4.551.000	2.124.000
Chine et Japon	2.500.000	»	2.500.000
Indes orientales	2.130.000	1.280.000	850.000
Égypte	667.000	667.000	»
Afrique (sans Égypte) . . .	500.000	»	200.000
Amérique du Sud, Ind. occ..	259.000	159.000	100.000
Turquie, Grèce, etc.	117.000	32.000	85.000
Balles de 181 kil. 400 . .	12.848.000	6.689.000	6.159.000

Le rapport officiel du gouvernement japonais estime la consommation des cotonnades au Japon, les importations anglaises comprises, à 1 kil. 134 par tête. On peut évaluer celle de la Chine également à 1 kil. 134. Le gouvernement des Indes a constaté que dans le pays elle est de 1 kil. 020 à 1 kil. 134. Le coton croît dans toute l'Afrique ; l'estimation de 500,000 balles par an ne représente que 0 kil. 450 par tête ; mais on est en droit de supposer que la production dépasse de beaucoup 500,000 balles. La consommation de l'Amérique centrale, de l'Amérique du Sud et des Indes occidentales doit aussi être plus considérable que 100,000 balles. Il en est de même pour la Turquie et la Grèce.

La production des États-Unis forme donc environ la moitié de la production du monde entier, et la quantité consommée en Europe forme environ la moitié de toutes les récoltes du globe.

Les quantités exportées de chaque pays ont été :

Des États-Unis	3.875.000	4.611.000	3.625.000
Des Indes orientales . . .	1.138.000	1.207.000	1.741.000
De l'Égypte. . . . . . . ,	445.000	388.000	411.000
Du Brésil	156.000	253.000	420.000
Des Indes occidentales. .	103.000	69.000	84.000
De la Turquie, etc. . . .	24.000	42.000	41.000
Balles	5.741.000	6.570.000	9.332.000

La moyenne des exportations desdits pays est de 6,211,000 balles, au poids d'origine, et, réduites au poids uniforme de 181 kil. 400, elle est de 6,689,000 balles.

Ajoutons avec M. Borain que la production du coton aux Indes et dans l'Afrique doit être bien supérieure aux chiffres du *Daily Post*. L'énorme importation des cotonnades anglaises aux Indes prouve que la consommation de coton brut doit être, comme nous l'avons nous-même expliqué plus haut, très supérieure aux exportations, et si les Ryotts indiens n'étaient pas systématiquement ruinés par leurs dominateurs, ils produiraient plus de coton que l'Angleterre n'en pourrait travailler.

Quant à l'Afrique centrale, dont le climat est si favorable au cotonnier, il pourrait fournir seul du coton pour l'humanité tout entière.

Légende.

Fig. 6. — Type de la fibre parfaitement mûre bien développée et avec les vrilles caractéristiques du coton. Gross. $\frac{1}{200}$.

Fig. 7. — Extrémités de fibres de coton Indien; *a* extrémité libre; *b c d*, extrémités du côté de la graine, avec leurs radicelles et des particules de graines arrachées avec la fibre. Gross. $\frac{1}{200}$.

Fig. 8. — Extrémités de fibres de coton Indien, déchirées par le Sawgin. Gross. $\frac{1}{200}$.

Fig. 9. — Fibre de Broach, offrant l'aspect de certains cotons sauvages. Gross. $\frac{1}{300}$.

Fig. 10. — Coton non mûr, dit *coton mort*. Les fibres sont généralement enchevêtrées les unes dans les autres; c'est ainsi que sont formés la plupart du temps les boutons ou nœuds. Gross. $\frac{1}{200}$.

PL. II.

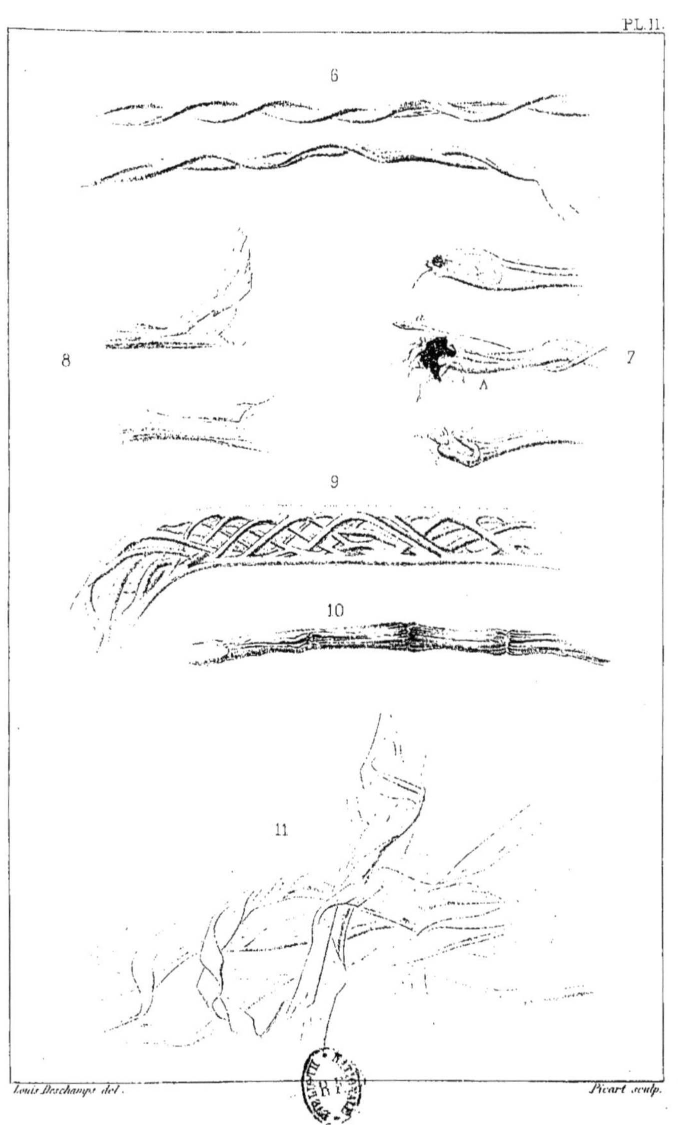

DIFFÉRENTS ÉTATS DE LA FIBRE

Imp. R. Taneur, Paris.

DE LA STRUCTURE DE LA FIBRE.

Le coton est le poil (1) qui recouvre les graines du cotonnier. Celles-ci sont contenues dans une capsule, et cette capsule elle-même n'est que le développement de l'ovaire ; c'est le fruit du cotonnier. La capsule tient aux branches de l'arbuste par un pédoncule assez mince ; au-dessous d'elle se trouvent d'abord la fleur, dont les pétales se flétrissent rapidement, puis une rangée de quatre ou cinq feuilles qui forment ce que les botanistes appellent un calice polysépale. Quant à la capsule même, elle consiste en une écorce extérieure assez dure, divisée longitudina-lement en lobes dont le nombre varie suivant les espèces de cotonniers ; on en trouve ordinairement trois sur les cotonniers d'Égypte et quatre au plus sur les plantes amé-ricaines. A chacun de ces lobes correspond une membrane qui avance jusqu'au milieu de la cavité interne de la capsule et la divise en autant de compartiments renfermant les graines. Ces membranes carpellaires ne se rejoignent pas ;

(1) Le coton étant un poil, c'est à tort qu'on l'a désigné par le nom de fibre. Toutefois, pour obéir à une habitude générale, qu'il serait aujour-d'hui inutile de chercher à détruire, nous continuerons de donner au coton l'appellation inexacte mais usuelle de fibre.

du reste, elles sont indépendantes l'une de l'autre, et c'est sur leur tranche restée libre que se forment les graines. Une petite excroissance paraît d'abord sur le bord de la membrane, puis la graine prend forme; elle est soutenue par une petite tige vasculaire, inclinée de bas en haut, et, en même temps que les membranes s'épaississent par le développement du tissu cellulaire, les graines augmentent également de volume. L'intérieur en est rempli d'un liquide laiteux et oléagineux, qui se condense en couches successives, et d'autant plus denses qu'elles approchent davantage de la circonférence. Lorsque les graines sont encore jeunes, on peut distinguer à l'œil nu les tranches concentriques de ces couches d'accroissement.

Sur la surface de la graine apparaît alors un léger duvet, qui n'est autre que le coton, et qui, croissant avec la plus grande rapidité, remplit les compartiments vides de la capsule, entoure complètement la graine et finit par l'arracher de sa tige. Le développement des poils commence au sommet de la graine et se répand de là peu à peu sur toute la surface; il commence à paraître longtemps avant que la graine n'ait atteint son développement final. Dans quelle partie du tissu cellulaire de la graine prennent leur origine les cellules qui constituent la fibre du coton, et comment se forcent-elles un passage à travers l'épiderme de la graine? Nous ne saurions répondre à cette question, dit le Dr Bowman, et, pour le faire, il faudrait sans doute étudier la fibre aux premiers moments de sa croissance.

Le coton étant une cellule commence, comme toute cellule végétale, par être au sein de la graine une petite masse d'une substance particulière, désignée sous le nom de protoplasma, que Huxley a appelé la base physique de la vie et que M. Baillon indique comme étant la substance animale des plantes. Le protoplasma est donc une matière protéique, de composition quaternaire, semi-fluide et d'une forme quelconque, mais à contours arrondis. Dans le cas qui nous occupe, sous l'influence de la chaleur et des divers phénomènes qui accompagnent la vie de la plante, la masse protoplasmique se transforme; chaque partie de la masse susceptible de constituer une cellule s'isole et se dessine bientôt en un contour précis. Par suite d'une simple condensation périphérique, cette petite masse isolée se fabrique à elle-même une paroi, sorte d'enveloppe protectrice que l'on appelle paroi cellulaire, et dont la nature chimique, constituée par la cellulose, doit être très péu différente, au fond, de celle de la substance première, puisque cette enveloppe cellulosique n'est autre chose, disons-nous, que le protoplasma condensé.

Or, celui-ci, une fois enfermé dans cette paroi, n'en continue pas moins de prendre part à la vie de la plante; il se nourrit et s'accroît de tous les sucs que la graine tire de la plante, et celle-ci de la terre. Mais, comme ces sucs sont sous forme liquide et composés d'éléments différents de ceux du protoplasma, ils ne peuvent s'unir au protoplasma d'une façon intime, et molécule à molécule; au contraire, ils désagrègent la substance protoplasmique, la refoulent vers la circonférence, et forment au centre de la cellule une sorte de réservoir ou de canal limité de tous côtés par la paroi cellulaire et la substance protoplasmique. Supposez que la cellule ainsi constituée se développe seulement dans le sens de la longueur, et vous aurez la cellule du coton, c'est-à-dire un tube dont les parois sont composés d'une matière solide, la cellulose, et dont la cavité centrale reçoit pendant la végétation les sucs de la graine nécessaires au développement de la cellule. Lorsque la végétation est arrêtée, ces sucs se dessèchent ou ne restent qu'en quantités infinitésimales, ce qui explique pourquoi l'on considère généralement le coton comme formé de cellulose seulement.

Le mode de formation de cette paroi cellulosique ne serait pas moins intéressant à connaître que celui de la cellule elle-même. L'examen microscopique montre que plus la fibre est jeune, c'est-à-dire éloignée de sa maturité, plus la cavité centrale est petite, plus les parois cellulaires sont épaisses, au point que, dans le coton non encore formé et appelé coton mort, la cavité centrale paraît ne pas exister du tout, et la fibre semble n'être qu'un ruban de cellulose. A mesure que les fibres sont plus développées, au contraire, et que le coton a atteint une maturité complète, la proportion entre la cavité centrale et les parois du tube change; la paroi est plus épaisse, sans doute, qu'à l'origine, mais la cavité centrale est aussi plus développée, et, au lieu de se trouver réduite à une ligne ou à un point, elle occupe le quart et quelquefois même les deux tiers du diamètre de la fibre. A quoi sont dus, d'une part, cet épaississement de la fibre, et, de l'autre, cet élargissement de la cavité centrale?

Pour résoudre cette question, il faudrait encore étudier la fibre sur la plante même et dans les différentes phases de sa végétation ; en ce qui nous concerne, nous ne pouvons donc raisonner que par hypothèse.

Nous avons supposé déjà que la fibre du coton est une cellule, que cette cellule doit son origine à une petite masse protoplasmique, qui, par une condensation graduelle de ses éléments, se fabrique une enveloppe à l'abri de laquelle le protoplasma continue de fonctionner; mais les sucs cellulaires se font un passage à travers ses éléments, et, ne détruisant ainsi son homogénéité, contribuent à donner à la cellule du coton sa forme définitive.

Nous avons donc là deux objets en présence : une paroi solide et un liquide en mouvement. Leur rôle réciproque est tout naturellement indiqué ; celui de la paroi solide est de donner à l'élément végétal une forme et une délimitation précises, en circonscrivant l'action des sucs cellulaires ; le rôle de ceux-ci, à leur tour, est de fournir à l'élément végétal les matériaux indispensables à son développement en tous sens, en ne produisant pas seulement son allongement, mais en contribuant aussi à l'accroissement de la paroi cellulaire.

Si donc la substance protoplasmique fournit les premiers principes constitutifs de la fibre du coton, celle-ci réclame encore, pour se développer, l'adjonction de matières organiques et minérales tirées du sol. Ces matières, entraînées par l'activité de la plante, jusque dans ses parties les plus tenues, pénètrent dans les graines, et, de là, dans la cavité centrale des cellules naissantes. Les parois de ces cellules sont encore très flexibles et très élastiques, d'une densité inégale, puisque la condensation a lieu du dedans vers le dehors, de sorte que les sucs cellulaires qui, étant doués de mouvement, sont doués par là d'une certaine force, rencontrant une paroi peu résistante, la distendent et l'allongent, produisant ainsi du même coup et l'élargissement de la cavité centrale et peut-être une partie de l'allongement de la fibre. En même temps, les sucs se déposent peu à peu le long des parois, se mélangeant aux couches et aux traînées récentes de substance protoplasmique, et formant ainsi, par des dépôts secondaires, l'épaississement de la paroi cellulaire.

La nature de ces dépôts secondaires nous paraît devoir

être essentiellement variable; outre que leur composition chimique peut différer légèrement, suivant le sol et le climat du pays de production, nous ne saurions dire non plus si ces dépôts se produisent suivant un sens et une direction toujours les mêmes, s'ils se forment en couches membraneuses ou bien en fibrilles, en cordons disposés longitudinalement ou obliquement, en ligne droite ou en spirale faisant de la paroi de la fibre une sorte de tissu circulaire. L'examen microscopique le plus attentif, fait soit sur des sections de fibres, soit à l'aide de réactifs, ne nous a permis que bien rarement de désagréger l'épaisseur de la paroi de la fibre, et nous avons remarqué dans les mêmes cotons tantôt l'absence complète de dépôts secondaires et l'apparence d'une seule membrane irréductible, et tantôt, au contraire, l'apparence de fibrilles nombreuses, de stries et de réticules dus évidemment à la manière dont se sont effectués les dépôts secondaires des couches d'accroissement de la paroi.

Mais, avant d'entrer dans l'examen détaillé de ces dépôts secondaires, nous devons continuer l'étude de la formation de la fibre. Jusqu'à présent, nous avons vu les fibres toujours attachées à la graine et renfermées dans la capsule, empruntant à la plante seule les éléments de leur développement. Or, il arrive un moment où ce développement est assez avancé pour que les fibres, allongées et élargies, pressées et enchevêtrées les unes dans les autres, brisent l'enveloppe qui les renferme, sortent de la capsule en beaux flocons blancs, et se trouvent ainsi exposées à la double action de l'air et de la lumière. Ce ne sont déjà plus, il est vrai, les fibres cylindriques et régulières de l'origine. La compression à laquelle elles étaient soumises dans la capsule les a déformées. Grâce à leur tortillement

et à leur enchevêtrement, les sucs n'ont pu se déposer également sur toutes les parties de la fibre, et les parois sont
inégales d'épaisseur; enfin, un grand nombre des fibres est
encore à l'état de coton mort. L'influence de l'air et de la
lumière amène donc un changement notable. Les fibres,
n'étant plus emprisonnées, se dégagent les unes des autres;
en même temps, les liquides contenus dans le canal central
se condensent et se déposent plus rapidement; les parois
atteignent alors leur épaisseur et leur densité finales.

Toutefois, les différentes parties de chaque fibre n'étant
pas exposées d'une manière égale au soleil et à l'air, il en
résulte que si les unes se développent rapidement, les autres
restent stationnaires; les parties plus sèches se resserrent
et amènent une contraction inégale dans le sens de la longueur de la fibre. C'est sous l'effort de cette contraction
que la fibre prend la forme vrillée que nous connaissons, et
dont les spires, soit dit en passant, vont généralement de
gauche à droite, suivant la même direction que les dépôts
en spirale qui forment l'épaisseur des parois.

Ces vrilles forment l'un des caractères distinctifs du coton. Les parties de la fibre restées droites et lisses forment
autant de surfaces réfléchissantes, auxquelles est due l'apparence plus ou moins soyeuse du coton.

Enfin, l'air et la lumière agissent aussi sur les sucs que
la fibre tire de la graine. La composition chimique de ces
sucs nous est inconnue. Le Dr Bowman prétend que, lorsqu'on suce des fibres fraîchement cueillies et coupées, l'on
distingue une saveur plus ou moins astringente. Grâce à
l'exposition à l'air, une altération chimique se produirait,
et les principes astringents feraient place à des principes
neutres, jusqu'à ce que, dans la fibre parfaitement mûre, et
la cavité centrale ne renfermant aucun liquide, il ne reste

plus que la cellulose, substance absolument neutre. Or, les analyses du coton, dont nous parlerons ci-après, démontrent que le coton n'est pas composé de cellulose seulement, mais qu'il renferme encore plusieurs des matières organiques communes aux substances végétales.

Si l'on est obligé d'admettre l'influence que peuvent exercer le soleil et l'air sur la maturité des fibres et sur l'altération chimique des sucs contenus dans les cellules, l'on ne peut douter que les variations, parfois très grandes, qui ont lieu d'une saison à l'autre, n'aient par là même une influence considérable sur la qualité des cotons, et ne suffisent pas à expliquer comment le produit de telle saison se travaille mieux ou plus difficilement que le coton d'une saison précédente. Lorsque la fibre est parfaitement mûre, elle ne contient guère, comme nous venons de le voir, que des principes neutres, lesquels restent sans action sur les matières colorantes appliquées ensuite au tissu. Lorsque la fibre n'est pas complètement mûre, au contraire, et que, par suite d'une saison moins favorable, les sucs cellulaires, au lieu de se transformer, ont conservé leur nature astringente, la perfection de la teinture peut s'en ressentir, sans que l'industriel se rende compte souvent de la cause de ses insuccès. L'emploi des sels de fer, en particulier, paraît avoir causé quelquefois des défauts dans la teinture de cotons très fins et très soignés, comme les Jumel d'Egypte. Ces cotons, faute de soleil ou pour toute autre cause, retenant leurs principes astringents, ceux-ci se combinent avec le fer et produisent dans la paroi même des fibres une coloration noire ou foncée des plus inattendues.

L'altération de la fibre, due à sa séparation de la graine et au dessèchement graduel des sucs qui la nourrissaient, nous empêche d'en connaître d'une manière certaine la

structure mécanique. C'est au moyen des réactifs que nous
arriverons peut-être à dissocier les différentes parties de la
paroi et à en déterminer approximativement les éléments,
et encore cette étude, pour être complète, devrait-elle être
faite au milieu même d'une plantation de cotonniers. Le
coton, arraché de sa graine par l'égrenage, pressé en balles
très dures et ne nous arrivant que plusieurs mois après la
récolte, ne donne guère plus l'idée du coton sur la plante
que la botte de foin ne représente l'herbe verte et fleurie
de la prairie.

Nous avons vu jusqu'à présent que le coton est une
longue cellule cylindrique, plus ou moins aplatie et con-
tournée pendant sa croissance, atteignant sa longueur
normale au moment de l'éclosion de la capsule, et se développant ensuite en épaisseur jusqu'à ce qu'au ruban mince
et plat de coton non encore mûr ait succédé la forme dis-
tinctement tubulaire du coton mûr, avec la cavité centrale
partant de la racine de la fibre pour aller en s'amincissant
vers l'autre extrémité. Les sections des bouts de la fibre
sont donc presque toujours cylindriques, tandis que les
sections prises entre deux ne montrent presque jamais une
forme complètement ronde, le dépôt des couches d'accroissement n'ayant pu se faire suivant une formation régulière.
Nous donnons, *fig.* 4, *pl.* I, une reproduction des sections
des fibres aux différentes époques de leur croissance,
d'après nos propres préparations. Comme on le voit, les
fibres non mûres, et auxquelles on donne sans grande
raison le nom de coton mort, ne montrent aucun indice
de structure tubulaire; à peine aperçoit-on une ligne, qui,
dans les fibres à demi-mûres, s'élargit et fait apercevoir
nettement les parois encore très minces du tube. Ces parois
s'épaississent à leur tour, par le dépôt sur leur face in-

terne des matières secondaires ; la cavité se rétrécit d'autant, jusqu'à ce que, dans certains cas fort rares, il est vrai, nous distinguions dans l'épaisseur de la paroi des stries qui ne sont autre chose, sans doute, que les intervalles séparant les différentes couches du dépôt.

C'est en se fondant sur ces diverses apparences de la fibre que le Dr Bowman a proposé de les diviser en trois classes :

1° Les fibres sans structure intérieure apparente ;

2° Les fibres dont la structure paraît simplement tubulaire, avec des parois définies, minces et transparentes ;

3° Les fibres à structure tubulaire, dans lesquelles les dépôts secondaires remplissent presque la cavité centrale et rendent la fibre plus dense et plus opaque.

La première de ces classes comprend non-seulement le coton non mûr ou coton mort, mais aussi le coton trop mûr, qui est resté sur la plante quelque temps après la pleine maturité de la capsule. Dans le premier cas, la fibre s'est trouvée détachée de la graine avant d'en avoir reçu les sucs destinés à pénétrer et à circuler dans la cavité centrale ; dans le second cas, par suite du phénomène de réabsorption commun à toutes les substances organiques dont la maturité est passée, les parois de la fibre, tout en augmentant de densité, diminuent peu à peu d'épaisseur et se réduisent à une simple ligne. Restent enfin les fibres qui, bien que développées, ne présentent aucune structure ni aucunes vrilles, et qui, vues au microscope, ressemblent plus aux filaments raides et transparents de la soie qu'à toute autre substance. Ces fibres informes, dont on ne connaît pas l'origine, sont, avec le coton mort, absolument impropres à la teinture ; et les matières colorantes qui semblent avoir le plus d'affinité pour le coton s'en détachent par le moindre frottement. On rencontre ce vice de conformation le plus souvent dans le coton court, et parfois aussi dans une partie seulement de la fibre, où on le trouve espacé par intervalles réguliers comme les nœuds d'une paille de blé.

Dans la seconde classe de fibres, les parois deviennent bien distinctes, mais ne consistent encore qu'en une membrane mince, et, tout en étant capables de recevoir et retenir la teinture, se prêtent moins cependant à l'action complète de la matière colorante que les fibres de la troisième classe.

Celles-ci offrent le type de la fibre du coton : sous l'action de certains réactifs, leurs parois paraissent gagner en rigidité, en solidité et en épaisseur ; la cavité centrale existe toujours et permet aux matières colorantes de pénétrer complètement la fibre. Les *fig.* 4, *pl.* I, reproduisent aussi bien que possible les types de ces trois classes de fibres.

Il est encore un autre genre de distinction entre les fibres, non moins intéressant, parce qu'il peut jeter quelque jour sur leur structure même : c'est la distinction qui sépare le coton sauvage du coton cultivé. Nous avons dit que l'accroissement de la fibre s'effectue par dépôts secondaires, et que ces dépôts se font souvent suivant une spirale plus ou moins allongée dans le sens du grand axe de la fibre. Or, si nous examinons certains cotons sauvages, comme le coton indigène d'Afrique, ou celui connu sous le nom de « Rough Peruvian », nous remarquons aussitôt la présence très distincte de spirales qui maintiennent la rigidité des parois, les empêchent de s'affaisser l'une sur l'autre et font précisément que le coton sauvage présente ce manque de souplesse et de flexibilité qui le fait ressembler à un cheveu et le rend impropre au travail mécanique.

Ces stries, nous l'avons vu, sont dues aux dépôts secondaires et constituent la forme des couches d'accroissement de la paroi cellulaire. Elles varient dans leur nombre, leur finesse, leur degré de rapprochement, leur direction, et cette variation tient à l'inégalité de proportion et de cohésion des matières solides et liquides qui se déposent simultanément dans la paroi : Dutailly, cité par M. Baillon, a décrit les stries de divers ordres qui forment la paroi de certains phytocistes, et cette description offre une grande analogie avec ce que nous considérons comme la formation probable de la paroi cellulaire du coton sauvage.

Dans le coton cultivé, au contraire, ces spirales ont paru jusqu'à présent faire défaut, le dépôt des matières secondaires semblant s'opérer par couches successives et uniformes sur la membrane primitive. Mais là où cette membrane vient à manquer par un accident quelconque, les couches intérieures paraissent comme striées ou réticulées, sans qu'on ait pu toutefois découvrir dans ces dépôts la forme nettement spirale du coton sauvage. Cette absence de spires serait donc, suivant quelques auteurs, caractéristique du coton cultivé, et expliquerait pourquoi ses parois étant formées dans le sens longitudinal, tendent davantage à s'aplatir et à se vriller.

Or, en travaillant à ce sujet, nous avons soumis des fibres de Géorgie longue-soie, c'est-à-dire du coton le plus soigneusement cultivé de tous, à un traitement consistant en ébullitions successives dans la potasse caustique, l'ammoniaque et l'alcool. Outre le grossissement énorme de la fibre, que nous avons ainsi obtenu, nous avons pu remarquer : d'abord, que la fibre est recouverte d'une membrane extérieure excessivement mince, laquelle disparaît promptement sous l'action des réactifs ; ensuite, que le corps même de la fibre se décompose en fibrilles cellulaires d'une ténuité extrême, disposées en spirale allongée dans le sens de la longueur des filaments. La transparence de ces fibrilles est telle que nous n'avons pu encore en déterminer exactement la composition réciproque, mais elles nous expliquent, en tous cas, l'apparence striée ou grillagée dont nous parlions tout à l'heure, et nous croyons pouvoir en conclure que les parois de certaines fibres sont composées de fibrilles cellulaires excessivement ténues, venant se poser d'abord sur la membrane primitive, puis les unes sur les autres, et séparées par des intervalles très rapprochés.

C'est donc à tort, suivant nous, que M. Ch. O'Neill, puis M. Dancer, ont refusé de voir aucunes spirales dans la fibre, sous le prétexte que celles qu'ils y voyaient paraître sous l'action de l'ammoniure de cuivre étaient dues précisément à l'action de ce réactif. Si, sans aucun réactif, nous voyons dans presque toutes les fibres des stries et une structure grillagée là où la fibre paraît dépourvue de son enveloppe primitive, il est tout naturel qu'en faisant disparaître cette enveloppe complètement, et en gonflant, au moyen d'un traitement approprié, le tissu cellulaire, celui-ci se décompose en ses éléments constitutifs qui ne sont autres que ces fibrilles cellulaires. Sans doute, nous n'avons réussi à dissocier les fibrilles que sur un nombre très restreint de fibres, mais nous avons examiné de celles-ci une quantité considérable, et, sur presque toutes, alors même que les parois semblaient être irréductibles, alors même que les coupes paraissaient d'une densité égale et d'une homogénéité parfaite, nous avons toujours remarqué une contexture striée.

Il y a donc de fortes raisons de croire, suivant nous, que le dépôt des matières d'accroissement de la fibre ne s'opère pas par couches concentriques à l'axe, régulières, s'allongeant uniformément dans le sens de la longueur, mais, au contraire, d'une manière inégale, sous forme de fibrilles excessivement fines.

Ces fibrilles sont-elles des cellules, trop petites pour que nous puissions les isoler et en étudier les éléments, ou sont-elles les surépaisseurs d'une membrane excessivement ténue et alors impossible à dissocier, comme les stries de certains phytocistes, par exemple ? Nous n'osons rien affirmer. Nous penchons toutefois pour la première hypothèse, parce qu'elle nous fournit l'explication la plus simple et la plus satisfaisante de la propriété que possède le coton d'absorber certains fluides, et, en particulier, les matières tinctoriales.

Si nous supposons en effet que l'épaisseur de la fibre est constituée par des fibrilles venant s'appliquer d'abord sur la membrane primitive, suivant une direction en spirale, puis s'appliquant les unes sur les autres et s'entrecroisant, de manière à laisser entre elles des interstices, nous comprenons aussitôt comment le coton, plongé dans certains liquides, s'en imbibe et se gonfle. Le liquide pénètre entre les fibrilles cellulaires, il dissout la matière oléagineuse qui en remplit les interstices, il dissocie les fibrilles, et, en gonflant ainsi la fibre, il dépose dans l'épaisseur même de la paroi et à chaque point de cette épaisseur soit les cristaux, soit les molécules des matières tinctoriales destinées à changer la couleur du coton.

De ces faits nous pensons pouvoir conclure que l'épaisseur de la fibre ne se forme pas par un dépôt régulier et uniforme des matières d'accroissement, mais qu'elle est constituée par une sorte de tissu circulaire de cellules infiniment petites, entrecroisées suivant une direction oblique à l'axe de la fibre.

Il nous reste à déterminer dans l'un des chapitres suivants si l'analyse du coton et l'action des réactifs confirment ce que nous venons de dire de sa structure mécanique.

DES DIFFÉRENTS CARACTÈRES DE LA FIBRE

ET DE LEURS VARIATIONS.

La note précédente et les gravures qui l'accompagnent ont pu donner au lecteur l'idée de ce qu'est la fibre-type du coton, en dehors de toute considération de culture et de provenance.

Or, il existe entre cette fibre-type et le coton ordinaire du commerce des différences et des variations dues à plusieurs causes, et dont les principales peuvent, suivant M. Bowman, se résumer ainsi :

1° Différences entre fibres de la même origine prises sur la même plante ;

2° Différences entre cotons de la même origine récoltés pendant des années différentes ;

3° Différences entre cotons d'origine et de provenance différentes.

Les différences de la première catégorie s'expliquent aisément après ce que nous avons dit plus haut sur le mode de formation et de croissance de la fibre, sur le rôle que jouent alors l'action de l'air et de la lumière, rôle inégal et variable, suivant la position de la fibre sur la graine et dans la capsule. Nous avons vu également que, sur la même graine, les fibres poussées à l'extrémité sont plus longues et mieux formées que celles poussées à la base.

Enfin, si sur le même cotonnier nous prenons deux capsules voisines, nous trouvons encore entre elles, soit dans la longueur, soit dans la maturité des fibres, des différences parfois sensibles. Qu'y a-t-il d'étonnant dans ces variations, puisqu'elles se retrouvent dans les graines mêmes, d'après le colonel Trevor Clarke, suivant leur position dans la capsule? Celles qui se trouvent le plus près de l'extrémité sont plus pointues et plus allongées ; elles deviennent moins longues et plus arrondies à mesure qu'elles se rapprochent de la base de la capsule. La touffe de coton dont elles sont recouvertes est également moins allongée et plus large. C'est la seconde ou troisième graine à partir de l'extrémité qui donne le plus de coton ; c'est la graine de la base qui en donne le moins.

Dans la pratique, ces variations de fibre à fibre, de capsule à capsule, de plante à plante, n'existent pas pour le filateur et le tisseur ; la machine à égrener mêle si complètement les fibres d'une grande quantité de capsules prises sur un nombre de plantes considérable que le coton sorti de l'égreneuse pour être ensuite mis en balle présente une moyenne absolument homogène, mais c'est le teinturier qui peut quelquefois, sans en connaître la cause, découvrir dans le tissu des inégalités et des variations jusqu'alors invisibles. De même, en effet, que le diamètre d'une fibre varie sur toute sa longueur; de même varie aussi son affinité pour la teinture, la matière colorante, quelle qu'elle soit, ne s'appliquant jamais d'une manière uniforme sur toute la surface de la fibre, mais s'y attachant seulement par places, tantôt sur la membrane extérieure, tantôt dans l'épaisseur même du tissu cellulaire. Nous reviendrons plus loin sur cette inégalité d'action de la matière colorante sur le coton ; il nous suffit, pour le moment,

de l'indiquer, en ajoutant que plus les fibres sont mûres
et complètement développées, plus grande est leur propriété
d'absorption. Le coton mort, au contraire, résiste à l'action
des matières colorantes, et c'est ainsi que le teinturier
peut constater sur le tissu teint ou imprimé des différences
entre les fibres et des imperfections du coton qui avaient pu
échapper à l'œil du filateur et du tisseur.

L'industriel doit donc tenir compte du degré plus ou
moins grand de maturité du coton et de la proportion également
variable des fibres non mûres par rapport aux fibres
mûres. Il est à regretter, sous ce rapport, que les planteurs
aient souvent une tendance à hâter le moment de la
cueillette, soit afin d'envoyer les premiers leur coton au
marché, soit pour profiter de cours avantageux; il y a alors
de grandes chances pour que la qualité laisse à désirer.
Peut-être y a-t-il une compensation dans cette seconde maturation
qui suit la cueillette, dont nous avons parlé plus
haut, et qui fait que le coton, une fois cueilli, profite encore
comme les grains et comme certains fruits. Du reste,
les irrégularités qui se présentent ainsi dans les premiers
arrivages de cotons nouveaux ne se continuent pas pour
cela pendant toute la campagne, et les cotons qui viennent
dans la suite peuvent être préférables à ceux du commencement
de la récolte.

Ce n'est qu'à la suite d'observations souvent répétées et
faites minutieusement qu'il serait possible de déterminer
les différences que présentent des cotons de même origine
récoltés en des années différentes. Les conditions météorologiques
varient en effet chaque année, et la récolte est
bonne ou mauvaise, suivant que les plantes ont joui ou ont
été privées de la somme de chaleur, de lumière et d'humidité
nécessaire à leur complet développement. L'on peut

dire d'une manière générale que, lorsque la récolte est abondante, elle est aussi de bonne qualité, car les conditions extérieures, propices à l'épanouissement d'une grande quantité de fleurs et de capsules, sont aussi favorables à leur maturation. C'est ainsi que le caractère des saisons influe sur la qualité du coton ; c'est ainsi que les cotons de telle ou telle provenance se travaillent plus ou moins facilement une année que l'autre à la filature ou à la teinture : tantôt, à la suite d'une trop grande sécheresse, par exemple, les fibres sont sans nerf, sans flexibilité ni élasticité, inégales de longueur et de finesse ; elles se brisent facilement sous le moindre effort et causent un déchet considérable et imprévu ; tantôt, elles seront au contraire bien égales, douces au toucher, et remplies de ces sucs naturels dont la présence leur donne une flexibilité favorable aux opérations mécaniques de la filature.

C'est donc à l'industriel d'examiner au commencement de chaque saison la nature du coton qu'il lui faudra travailler, afin de modifier, s'il y a lieu, telle ou telle partie des manipulations mécaniques ou chimiques, et afin, tout au moins, de se rendre compte de certaines anomalies qui peuvent se présenter dans le cours du travail. Ajoutons que pour cet examen l'œil et le pouce ne suffisent pas ; il est indispensable d'avoir recours au microscope, et, en particulier, à l'emploi de la lumière polarisée.

Les conditions météorologiques d'une saison n'influent pas seulement sur la qualité des fibres isolées, mais aussi sur la proportion plus ou moins grande des fibres mûres aux fibres non mûres dont nous parlions tout à l'heure, puisque de ces conditions dépend la nature des transformations chimiques qui s'opèrent dans la fibre au fur et à mesure de sa croissance. Nous avons vu que, lorsque cette transformation est complète, comme dans le coton parfaitement mûr, tous les sucs acides et astringents tirés de la graine se changent en matières cellulosiques, huileuses ou autres, substances neutres et sans action sur les différentes matières colorantes ou mordants avec lesquels le coton doit être mis en contact. Lorsque cette transformation n'est pas complète, au contraire, il reste à l'intérieur des fibres une quantité suffisante de sucs acides ou astringents dont la présence nuit à la perfection de la teinture.

M. Bowman cite à ce sujet une année, où la mode s'était portée sur des tissus de nuances légères et délicates. Ces tissus étaient faits avec des filés en coton Jumel; mais (phénomène extraordinaire que l'on n'avait pas encore observé et qui ne reparut pas les années suivantes) cette année-là, dans presque tous les cas où l'on avait employé les sels de fer pour la teinture, des fibres isolées ou des masses même de fibres, au lieu de prendre la nuance voulue, étaient devenues presque noires. La cause en était due à la présence dans les fibres d'une matière astringente qui n'avait pu se transformer en cellulose ou en une autre substance neutre, faute de soleil pendant le temps de la végétation, et qui, se combinant avec le fer, avait produit une sorte d'encre impossible à enlever par les procédés ordinaires du lavage avant la teinture, et causant ainsi des pertes considérables.

A ces différences déjà nombreuses s'ajoutent celles qui existent tout naturellement entre les cotons d'origine et de provenance diverses. Bien que tous les cotons aient entre eux un air de famille, quelle que soit leur origine, ils présentent des caractères différentiels généralement accentués, et tellement tranchés le plus souvent, qu'il est facile à un négociant expérimenté de dire, au vu d'un échantillon,

le pays d'où il provient. Nous ne pouvons entrer ici dans
l'étude détaillée de tous ces caractères, étude qui, du
reste, se poursuit bien plus utilement dans une chambre
d'échantillons; nous nous bornerons à indiquer la différence qui existe entre le coton sauvage et le coton cultivé,
et aussi les caractères particuliers que présentent les
principaux cotons du commerce.

La désignation de coton sauvage que nous venons d'employer est, nous devons l'avouer, quelque peu fantaisiste,
car nous ne savons pas avoir jamais eu entre les mains
de coton poussé véritablement à l'état sauvage ; nous désignons simplement, sous ce titre, les fibres dans lesquelles
le mode de formation de la paroi cellulaire est distincte-
ment visible, c'est-à-dire que nous désignons ainsi les fibres
à spirales intérieures et les fibres à nœuds.

Dans les premières, les dépôts secondaires qui forment
l'épaisseur de la paroi paraissent appliqués contre la membrane extérieure, en suivant une direction héliçoïdale, et
l'entrecroisement des spires ainsi formées, entrecroisement
non pas réel souvent, mais dû à un effet d'optique, donne à
la membrane une apparence réticulée ou grillagée, comme
le montre la *fig.* 9, *pl.* II. Cette disposition particulière est
visible, même avec un faible grossissement, sinon sur toute
la longueur de la fibre, au moins par places, et, à ces
places, la fibre présente l'apparence d'un tube large et
faible, dont les parois, au lieu de s'aplatir et de se con-
tourner l'une sur l'autre, restent droites, rigides et sans
former de vrilles. D'autres fois, les dépôts secondaires paraissent disposés en fibrilles parallèles à l'axe de la fibre
ou en hélice très allongée, et interrompues à des intervalles
irréguliers par des nœuds semblables à ceux des pailles de
blé : tantôt, ces nœuds se continuent sur toute la longueur

de la fibre; tantôt, on ne les rencontre que sur une certaine partie et toujours irrégulièrement espacés. Leur présence fait perdre à la fibre toute souplesse, toute élasticité, et la rend impropre à subir les manipulations mécaniques de la filature comme les manipulations chimiques de la teinture. Ces irrégularités se rencontrent le plus souvent dans les cotons courts et gros, et, de même que les fibres à spirales, sont probablement le résultat d'une culture négligée ou trop pauvre. La plante présente alors une tendance à dégénérer, en retournant à la forme sauvage, sa forme d'origine. Il paraîtrait en effet que, dans le coton sauvage, cette disposition de nœuds et de fibrilles en hélice se reproduit très fréquemment et se montre sur toute la longueur de la fibre.

Nous avons émis l'opinion que, dans le coton cultivé, la formation de la paroi est due à des dépôts secondaires qui prennent la forme de membranes ou de fibrilles excessivement ténues et disposées en hélice; mais cette disposition n'est pas ordinairement visible, et l'on serait réduit sur ce point à des conjectures, s'il n'était accidentellement possible de dissocier en quelque sorte les différentes couches qui constituent l'épaisseur du coton. Nous sommes parvenu à le faire sur un petit nombre de fibres seulement, et nous en donnons les figures, prises photographiquement par nous-même, afin de ne point laisser de place à l'interprétation plus ou moins exacte d'un dessin.

La *fig.* 9, *pl.* II, montre une fibre de « Broach » à l'état naturel et sans aucune préparation, simplement immergée dans l'eau glycérinée.

La *fig.* 8, *pl.* II, montre les nœuds d'une fibre de « Cocanadah », avec les fibrilles disposées longitudinalement et rappelant un peu la forme d'une paille de blé brisée.

Dans la *fig.* 1, *pl.* I, qui représente des fibres de « Sea-Island » extra, aussi à l'état naturel, les fibrilles sont excessivement ténues, à peine visibles, et, pour les dissocier, il faudra avoir recours aux réactifs. C'est ce que nous montrent les *fig.* 22 *et* 24, *pl.* IV. Nous voyons là une fibre de « Sea-Island » extra, traitée successivement par la potasse caustique et l'acide sulfurique. La membrane extérieure a disparu ; mais la forme tubulaire de la fibre existe, et l'épaisseur paraît constituée par un entrelacement de fibrilles énormément grossies par les réactifs, et, à cause de cela, pressées les unes contre les autres. Il est à remarquer que ces fibres suivent une direction héliçoïdale, et expliquent de la manière la plus claire l'apparence réticulée de la fibre (*fig.* 9), à l'état naturel.

Un grossissement semblable, bien que moins grand, des fibrilles d'accroissement est obtenu sur une fibre de Jumel (*fig.* 19) ; mais là, par suite d'une action différente des mêmes réactifs, la paroi n'est pas entamée, et, chose curieuse, nous retrouvons exactement l'apparence grillagée de la *fig.* 9, *pl.* II.

En somme, il n'est pas de fibres de coton qui ne présentent, à un degré plus ou moins marqué, une structure réticulée ou striée. Cette apparence vient de la direction héliçoïdale suivant laquelle les couches ou fibrilles d'accroissement se déposent le long de la membrane primitive, et, sous ce rapport, le mode de formation et de structure du coton est analogue à celui d'un grand nombre d'autres organes végétaux, dans lesquels les dépôts secondaires prennent une forme annelée, réticulée, ponctuée, striée, et le plus souvent en spirale. Dans le coton, ces spirales se dirigent le plus uniformément de gauche à droite. Plus le

coton se rapproche de l'état sauvage, plus les spires sont
rapprochées et plus leur diamètre est considérable. Les
parois du tube peuvent être faibles alors et manquer de
nerf, mais elles n'en sont pas plus flexibles, et n'ont aucune
tendance à s'affaisser ou à se vriller, parce que les spires
maintiennent ces parois très rigides. Dans le coton cultivé,
au contraire, ou bien les spirales des dépôts secondaires
sont beaucoup plus allongées, et par conséquent donnent
moins de rigidité aux parois, ou bien les couches ou fibrilles,
dont ces dépôts sont constitués, se trouvant beaucoup
plus ténues et par conséquent plus flexibles, la fibre est
elle-même plus souple. Elle se contourne autour de son
axe, généralement de gauche à droite, et prend cet aspect
vrillé qui est l'un des caractères propres du coton bien
cultivé et de bonne qualité.

Nous concluons de là que le coton inférieur se reconnaît aux stries de la surface et à l'absence de vrilles, tandis que, dans le coton cultivé, la forme des dépôts secondaires est peu apparente, et la fibre décrit de nombreuses circonvolutions autour de son axe.

Or, non-seulement ces vrilles sont l'un des caractères distinctifs du coton bien cultivé, mais elles sont surtout l'une de ses qualités principales, et, sans elles, malgré tous ses autres avantages, le coton serait absolument impossible à employer pour la filature.

D'où vient, en effet, la force d'un filé ? D'abord, de la force individuelle des fibres qui le composent; ensuite, de la cohésion plus ou moins grande de ces fibres entre elles ; en un mot, de la manière dont elles sont reliées l'une à l'autre.

Il est bien évident que si, d'un côté, la force d'un filé peut être égale à la somme des forces des fibres qui le com-

posent, d'un autre côté, ce filé a une tendance à se casser
et à tomber sous le plus petit effort, à moins qu'une force
nouvelle ne vienne empêcher les fibres de glisser l'une sur
l'autre et de se détacher facilement. Cette force nouvelle
est la torsion donnée aux fibres par la filature.

Mais, pour que la torsion maintienne les fibres entre
elles, ou bien il faut que les fibres soient très longues,
parce qu'alors celles-ci, reliées l'une avec l'autre au moyen
d'un nombre de tours suffisant, ne peuvent plus glisser
l'une sur l'autre et se détacher facilement : c'est le cas
de la soie et du lin ; ou bien, si les fibres sont courtes,
comme elles ne peuvent plus recevoir qu'une torsion li-
mitée, il faut que leur structure extérieure supplée à ce
manque de torsion, en leur permettant de rester comme
accrochées entre elles : c'est le cas de la laine et du coton.
La surface de la laine est hérissée d'écailles, dont les bords,
rencontrant ceux des fibres voisines, les saisissent et pénètrent les unes dans les autres, de telle sorte qu'un frottement considérable est nécessaire pour dégager les fibres
ainsi mêlées. Pour le coton, le cas est différent ; ce sont les
vrilles qui permettent l'entrelacement des fibres ; lorsqu'on
en a juxtaposé un certain nombre pour former une mèche,
par exemple, les parties sortantes des unes venant se loger
dans les plis rentrants des fibres voisines, il suffit d'un petit
nombre de tours de torsion pour que l'enchevêtrement soit
complet et la cohésion des fibres entre elles absolument
parfaite.

C'est ce qui explique comment les cotons communs, qui
sont généralement dépourvus de vrilles, demandent pour
faire des fils de chaîne une torsion considérable, tandis que,
si l'on emploie pour faire les mêmes fils de chaîne des
cotons de qualité supérieure, qui sont plus vrillés en même

temps que plus longs, la cohésion entre les fibres est plus grande, même avec une torsion moindre ; les métiers produisent davantage, et le filé est beaucoup plus doux au toucher.

Nous devons maintenant examiner les caractères généraux que présentent les principaux cotons du commerce. Si nous les prenons par ordre de longueur des fibres, ils peuvent se classer ainsi :

Cotons longue-soie ; — Jumel ; — cotons de l'Amérique du Sud ; — cotons des États-Unis ; — cotons d'Asie.

Au premier rang à tous les titres est le Géorgie longue-soie ou « Sea-Island cotton », qui, par sa longueur, sa finesse, sa flexibilité et son éclat, peut être considéré comme le type le plus parfait du coton ; aussi, les classements supérieurs atteignent-ils couramment le prix de 4 fr. le kilog., et servent à faire les numéros élevés de fils destinés aux mousselines et aux dentelles les plus fines. L'examen microscopique explique aisément la facilité avec laquelle ces beaux cotons se prêtent à un travail si délicat, quelle que soit du reste leur provenance, qu'ils viennent des côtes de la Géorgie ou des îles Fidji. Non-seulement les fibres sont d'une finesse excessive, mais elles sont aussi très régulières et homogènes ; celles des bonnes plantations ne renferment que fort peu de coton mort, et, à cause de cette maturité parfaite, jouissent d'une flexibilité et d'une élasticité très grandes.

Vient ensuite le « Jumel », qui, moins long, mais aussi soyeux et quelquefois plus nerveux, jouit encore dans certaines sortes d'un avantage qui lui est propre, sa belle nuance dorée. Les fibres sont généralement plus régulières que celles du « Sea-Island ». Dans les lots dont l'homogénéité est moins grande, le peignage remédie en partie à cet inconvénient; il supprime en particulier le duvet court, qui, détaché de la graine avant d'être complètement développé, est mêlé par l'égrenage aux fibres mûres et en rend le travail plus difficile.

Le Jumel n'est donc pas moins homogène que les Géorgie longue-soie; mais sa régularité varie d'une année sur l'autre, ce qui vient de l'influence très grande que peut exercer sur les plantations l'irrigation plus ou moins complète par le Nil. Il existe aussi une variété de Jumel blanc due à des graines d'Amérique, mais qui se rapproche plus des cotons fins des États-Unis que du Jumel proprement dit. Si l'on vient à comparer les filés faits avec les belles qualités de Jumel aux filés semblables faits avec les belles sortes de Louisiane et de Géorgie, l'on peut remarquer entre les deux une certaine différence de souplesse, qui tient à ce que, dans le filé de Jumel, les fibres, beaucoup plus serrées, se plient sous l'action de la torsion d'un angle plus aigu sans se briser ou se détériorer. De plus, les fibres étant plus fines, les filés en Jumel, pour les fils de mêmes numéros et à torsion égale, sont plus fins et renferment plus de fibres dans la section; ils sont par conséquent plus résistants. D'un autre côté, les différences de couleur d'une année sur l'autre, et même du commencement de la campagne à la fin, peuvent être très sensibles, la proportion d'endochrome contenu dans le coton variant en raison de l'abondance de lumière et d'humidité reçue par la plante pendant sa croissance, et ensuite par les fibres pendant la cueillette. Il est donc difficile non-seulement de compter sur le Jumel pour des mélanges réguliers avec d'autres cotons, mais aussi de l'employer seul pour des nuances déterminées, pendant un temps un peu long, sans le soumettre au blanchîment.

Les cotons du Brésil et du Pérou forment le trait d'union entre les cotons longue-soie et les Jumel, d'un côté, et les cotons d'Amérique de l'autre. Ils sont longs et nerveux, et certaines sortes, telles que les « Pernams » et les « Ceara » donnent des fibres parfaites, dont la régularité laisse peu à désirer. On les emploie soit seuls, soit mélangés avec de beaux cotons d'Amérique, là où ceux-ci seraient trop courts pour obtenir des filés fins ; mais, en général, et c'est peut-être leur caractère principal, les cotons de l'Amérique du Sud sont peu homogènes et surtout irréguliers de diamètre. Ceux du Pérou sont, en plus, dénués de souplesse, secs et durs au toucher ; soit à cause des conditions particulières dans lesquelles ils sont cultivés, soit à cause des variations du climat, ils présentent d'une année sur l'autre des différences sensibles, qui en limitent forcément l'emploi.

Plus au nord, Cayenne, qui fournissait autrefois à l'Europe ses plus beaux cotons, en donne encore aujourd'hui qui sont propres et forts, mais peu homogènes. Les « Caraque », les « Cumana », les « Carthagène » sont également des cotons longs, brillants, légèrement nuancés, mais inégaux, cassants, souvent durs au toucher et plus ou moins bien égrenés. Les cotons des Antilles possèdent les mêmes caractères et sont peu abondants.

Le coton d'Amérique peut être regardé comme le coton-type du commerce. Son uniformité générale, l'abondance de sa production, l'habileté avec laquelle il est cultivé, récolté et égrené, la facilité avec laquelle il se travaille à la filature, en font le coton par excellence. Examinées au microscope, les fibres frappent l'œil par leur blancheur et leur transparence ; elles paraissent, il est vrai, moins fines et moins régulières que celles des cotons précités ; leur élas-

ticité est également moins grande ; mais, grâce à leur propreté et à leurs vrilles nombreuses, elles sont éminemment
aptes à subir les deux actions fondamentales de la filature, celle des glissements ou étirages successifs, qui donne
au filé la finesse voulue, et celle de la torsion, qui lui
donne la force. Le coton d'Amérique est donc tout naturellement indiqué pour la très grande partie des tissus qui
forment la masse de la consommation générale, et c'est
vers les États-Unis que, chaque année, l'industrie cotonnière de l'Europe porte anxieusement les yeux pour lui
demander et son aliment et la matière précieuse qui cou-
vrira des millions d'êtres.

Tout autres sont les cotons d'Asie, et, en particulier,
ceux de l'Inde anglaise. Leur infériorité provient non pas
tant de la nature des cotons en eux-mêmes que du peu
de soin apporté à leur culture et à leur classement. Le caractère distinctif de ces cotons est l'irrégularité ; ils contiennent des fibres de toute espèce, depuis les plus grosses
jusqu'aux plus fines, et, à côté de certaines sortes les plus
courtes de toutes, l'on voit des soies dont la longueur
moyenne n'en cède guère aux sortes ordinaires d'Amérique.
Ces variations, qui se font sentir et d'après les lieux de production et suivant les années, ne prennent pas leur source
uniquement dans la nature des graines, mais aussi dans les
différences de climat et de terrains, des écarts très grands
dans la distribution des pluies et de la chaleur, des méthodes de culture encore rudimentaires ; de telle sorte
qu'en somme, à cause de cette irrégularité constante dans
le caractère des cotons, ceux-ci ne peuvent être employés
d'une manière courante et continue pour la masse des articles ordinaires, mais sont restreints aux tissus communs
ou à des genres spéciaux. On doit regretter d'autant plus

cette irrégularité que certains districts peuvent fournir des fibres d'une finesse et d'un brillant remarquables, beaucoup plus nerveuses et aussi faciles à travailler que les cotons d'Amérique. Ajoutons, pour être juste, que leur peu de longueur oblige souvent à donner au filé un supplément de torsion, quelquefois nuisible à l'aspect du tissu, et que les impuretés dont elles sont chargées causent un déchet considérable et onéreux.

Planche III.

Légende.

Fig. 11. — Matière blanche que l'on rencontre quelquefois à la surface des fibres. Lorsque plusieurs fibres sont prises ensemble dans cette matière, il est difficile de les en détacher, et l'on a alors la seconde forme des irrégularités connues sous le nom de boutons ou nœuds. Gross. $\frac{1}{150}$.

Fig. 12. — Cette matière blanche paraît constituée par l'enchevêtrement de fibres rudimentaires, cylindriques, à arêtes vives et se pliant à angle aigu, avec l'aspect de baguettes de verres. Gross. $\frac{1}{600}$.

Fig. 13. — Fibres de Smyrne rongées par l'huile des graines. Nous le supposons du moins, étant donné l'aspect jaunâtre et le toucher huileux des fibres prises au milieu de graines écrasées. Gross. $\frac{1}{200}$.

Fig. 14. — Fibre de Cocanadah à l'aspect ligneux. Gross. $\frac{1}{200}$,

Fig. 15, 16, 17, 18. — Difformités de fibres de provenances diverses. Gross. $\frac{1}{150}$.

PL. II

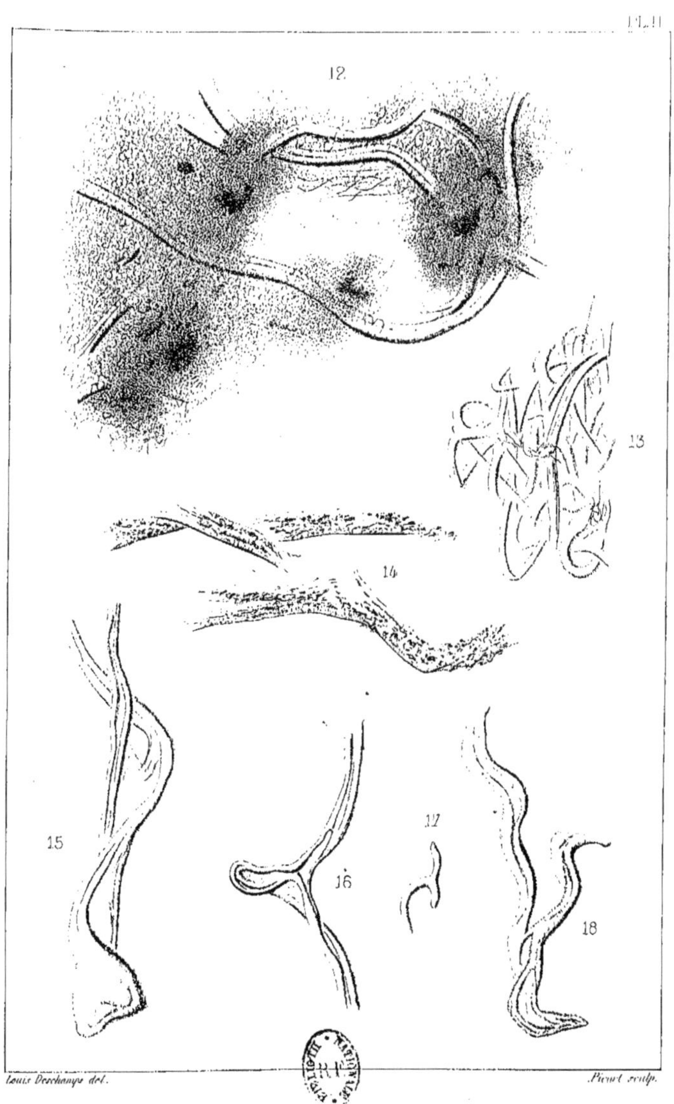

DÉFECTUOSITÉS ET DIFFORMITÉS DE LA FIBRE

Imp. S. Lemercier, Paris

DE LA MESURE DES FIBRES

ET DE LEURS PROPRIÉTÉS PHYSIQUES ET CHIMIQUES.

La valeur commerciale des cotons dépend d'un certain ensemble de qualités, dont les principales sont : la longueur, la finesse, la ténacité, l'élasticité, la couleur, et enfin l'homogénéité..

Ces différentes qualités peuvent-elles être déterminées d'une manière rigoureuse et scientifique? Peut-on, en les déterminant, établir d'une manière suffisamment exacte les caractères différentiels des diverses sortes de cotons, de façon à reconnaître sûrement ceux de telle ou telle provenance? Et, pour mieux nous faire comprendre, supposons un procès devant le Tribunal de commerce entre un commissionnaire et un filateur : le commissionnaire a acheté des filés en coton d'Amérique, le filateur livre des filés en beau coton des Indes, avec la marque de cotons d'Amérique. Est-il possible au Tribunal de découvrir sur le filé la provenance du coton, ou devra-t-il s'en rapporter à l'appréciation, par à peu près, d'experts?

Avant de répondre à cette question, il convient de rechercher si et comment les qualités que nous venons d'énumérer peuvent se déterminer rigoureusement, et ensuite de voir si les résultats obtenus entre les diverses sortes de cotons présentent des différences caractéristiques.

Des six qualités dont nous venons de parler, il en est une, c'est la couleur, qui ne peut être mesurée scientifiquement. Il suffit, il est vrai, de rapprocher l'une de l'autre deux bobines de filés, ou mieux, deux pièces de tissus, pour juger si l'une est conforme à l'autre et fabriquée avec la même matière première ; mais, dans certains cotons teintés, en particulier dans la plupart des cotons indiens, la nuance est loin d'être homogène. Le « Cocanadah », par exemple, n'est pas uniformément rouge, et d'une poignée prise à un endroit quelconque de la balle l'on tire des fibres blanches à côté d'autres absolument brunes. C'est le mélange plus ou moins bien fait aux machines de filature qui seul peut assurer au filé une nuance uniforme ; de ce côté donc, rien de rigoureux, rien de scientifique.

L'homogénéité est aussi l'une des qualités essentielles à considérer dans un lot de coton. Mieux vaut, en effet, une masse composée de fibres d'une longueur et d'une finesse moyennes, mais régulières, que de fibres plus fines et plus variables. Sans entrer ici dans les détails techniques, il est facile de comprendre les inconvénients que présente le travail de fibres dont les unes sont longues, les autres courtes ; les unes arrivées à maturité, bien rondes et résistantes, les autres, au contraire, non encores mûres, aplaties, présentant la forme de minces rubans, sans force et sans flexibilité. Mais, malgré l'importance qu'il y aurait à pouvoir déterminer mathématiquement la proportion de fibres de la même valeur que contient un échantillon donné, cette détermination ne peut être qu'approximative, l'homogénéité étant le résultat d'un ensemble de qualités plutôt qu'une qualité propre. Nous ajouterons que, si une détermination rigoureuse est impossible, une appréciation très suffisante nous est donnée par le microscope.

Il nous reste donc à étudier la mesure des quatre autres qualités de la fibre. Nous commencerons par la longueur.

Trois auteurs seulement ont, croyons-nous, déterminé la longueur des différentes sortes de coton. Le premier est Alcan, dont l'ouvrage sur la filature du coton reste, malgré des lacunes et des erreurs sans doute inévitables, le plus complet que nous ayons encore sur ce sujet.

La seule partie qui nous intéresse en ce moment est son tableau de la longueur et du diamètre des fibres. Ce tableau comprend 48 échantillons, dont quatre sont consacrés au Géorgie longue-soie, sept aux cotons d'Algérie, et le reste aux cotons de diverses provenances.

Nous ne pouvons entrer dans la discussion détaillée des chiffres de M. Alcan. Les observations dont il les accom-pagne sont très intéressantes ; elles le seraient encore plus, si elles pouvaient être répétées régulièrement pendant plusieurs années ; on obtiendrait de la sorte un ensemble d'observations complètes sur la valeur des cotons de chaque pays. Il est à regretter, d'un autre côté, que M. Alcan nous ait donné pour la longueur des fibres non pas la longueur moyenne, qui, comme caractère différentiel, est la plus importante à connaître, mais deux chiffres qui ne sont pas non plus les longueurs maxima et minima. Il est évident que le Géorgie longue-soie extra dépasse de beaucoup, même en moyenne, la longueur de 40 millim., qui est la plus grande inscrite au tableau, de même que, dans le Ben-gale, il est facile de trouver beaucoup de fibres au-dessous de 16 millim., et également des fibres au-dessus de 25 millim. Que représentent alors exactement ces deux chif-fres 16 et 25, attribués au Bengale? Il n'est pas facile de s'en rendre compte, et, à ce point de vue, nous regrettons aussi que M. Alcan n'ait pas décrit le procédé qu'il a employé pour obtenir les chiffres de son tableau.

Le deuxième auteur qui a étudié la longueur des fibres est M. Evan Leigh, tour à tour grand manufacturier, inventeur ingénieux et savant écrivain.

M. Evan Leigh donne pour les cotons de presque toutes les provenances les longueurs maxima et minima et les longueurs moyennes, mais son procédé laisse peut-être quelque peu à désirer. Il prend une pincée de fibres, les lie au milieu au moyen d'un fil, retirant avec les doigts les fibres qui dépassent de chaque côté; il met ainsi côte à côte un certain nombre de touffes, et les longueurs prises sur les touffes donnent celles des fibres. Or, comme les fibres ne sont pas toutes prises au milieu par le fil et dépassent un peu plus d'un côté que de l'autre, la longueur des touffes est toujours plus grande que celle des fibres. Est-ce pour cette raison que les chiffres d'Evan Leigh sont supérieurs à ceux d'Alcan?

Enfin, le troisième auteur est M. Ch. O'Neill, l'un des plus savants chimistes d'Angleterre. Dans une communication faite à la « Manchester literary and philosophical Society », M. O'Neill donne les longueurs maxima et minima et les longueurs moyennes de dix-sept sortes de coton; et ces longueurs sont prises sur vingt fibres seulement de chaque coton. Un si petit nombre d'expériences suffit-il pour déterminer la moyenne générale d'éléments aussi nombreux et aussi variables que le sont les fibres de coton? Non, certainement, et ce n'est pas sans doute ce qu'a voulu M. O'Neill en publiant son tableau; il a voulu une sorte de comparaison entre quelques sortes de coton, et rien de plus. Son procédé est autrement exact et minutieux, du reste, que celui d'Evan Leigh. M. O'Neill se sert d'une tablette de cristal sur laquelle sont gravées les divisions de pouces par centièmes et millièmes ; il pose cette tablette sur un drap noir pour mieux faire ressortir les divisions et les fibres ; au moyen d'un pinceau, il prend une fibre, l'étend sur la tablette, maintient à l'aide d'une pince l'une des extrémités de la fibre sur le zéro de la division, tandis que, de l'autre main, avec le pinceau enduit de gomme, il étend la fibre sur les divisions de la règle, et lit la division, correspondant à l'autre extrémité.

Ce procédé est exact certainement, mais il est on ne peut plus minutieux et fatigant, et l'on comprend facilement que M. O'Neill se soit borné au petit nombre d'expériences dont il donne le résultat.

PROVENANCES	ALCAN	EVAN LEIGH	O'NEILL	L'AUTEUR
Sea-Island : Edisto.	35-40	55,85	34,50—47,74	58
Wodamalan	»	41,40	36,67	»
John-James Islands	»	40,65	38,12	»
Fidji	»	47,75	»	51,25
Égypte	28-45	35,55	28,67—30,09	31,75
Algérie	36-40	36,80	»	»
Brésil Pernambuco	»	31,75	30,16	»
Surinam.	27-30	30,45	»	»
Maranliam.	»	29,20	28,62—30,58	»
Paraïba, Ceara, Maceo. . .	28-32	30,45	»	»
Pérou.	22-30	33	»	28,75
Afrique : Shire Valley	»	29,20	27-90	»
États-Unis : Mississippi. . . .	18-25	29,20	»	26,25
Louisiane	21-26	27,95	24,65—25,45	»
Mobile. Géorgie	»	26,65	26,30	23,50
Tennessee	»	24,90	25,30	»
Indes : Dhollerah-Surat	27-35-50	27,95	23,50—23,95	22,75
Comptah.	»	26,65	23	»
Kandeish..	16-18	25,40	»	»
Broach et Berar.	20-21	22,85	»	20
Ahmednuggur et Madras. .	18-23	21,60	»	21
North. Madras, Cocanadah.	»	»	»	21
Indes.				
Graines de Sea-Island :				
Dharwar.	30-35	41,90	»	»
Hoblee.	»	40,65	»	»
Mysore.	»	39,85	»	»
Bengale	»	29,20	»	»
Belarum.	»	25,40	»	»
Chine	21-25	»	»	22

Voici le procédé que nous avons employé à notre tour :
Nous nous servons des bandes noires qui entourent les
lettres de deuil ; nous les gommons et coupons en petits

morceaux de 3 à 4 millimètres de côté. Puis, au moyen d'une petite pince, l'on saisit une fibre, l'on fixe, à l'aide d'un pinceau très peu mouillé d'eau gommeuse, les deux extrémités à deux petits carrés noirs, et on laisse sécher. Les deux bouts de la fibre sont ainsi maintenus, et l'on n'a plus qu'à prendre de chaque main, avec une pince, les deux carrés de papier, pour, en tendant un peu la fibre sur une règle divisée en quarts de millimètres, en voir aussitôt la longueur. Ce système n'est pas moins long que celui de M. O'Neill, mais il est aussi sûr et certainement moins fatigant.

Dans le tableau comparatif ci-joint sont disposées, en regard des noms des divers cotons, les longueurs trouvées par MM. Alcan, Evan Leigh, O'Neill et l'auteur.

Enfin, pour terminer cette étude des longueurs de la fibre, nous lisons dans *le Coton* de Bruxelles, du 20 février 1882, l'extrait suivant du *Cotton* de New-York :

« De comparaisons faites sur 300 échantillons pris « parmi des cotons américains à courte soie et diverses « variétés de coton indien, et après avoir mesuré exacte- « ment la longueur d'une vingtaine de fibres de chaque « échantillon, l'on a obtenu les renseignements suivants :

« *1re Série.* — 12 échantillons de coton de Géorgie et « de New-Orleans ont donné comme longueur moyenne de « la soie 25 millim. 9 ; 21 échantillons de cotons Surat et « Madras ont donné 23 millim. 6.

« *2° Série.* — 183 échantillons de cotons Bowed « Uplands, Mobile, New-Orleans, ont donné 26 millim. 4 « de longueur ; 44 échantillons de cotons Surat et Madras, « 23 millim. 6.

« *3° Série.* — 4 échantillons de coton américain donnent « 26 millim. 4 ; 3 échantillons de coton Surat, 23 mill. 6.

« Il en résulte que la différence moyenne entre la lon-
« gueur du coton américain à courte soie et celle des
« cotons Surat et Madras, formant la majeure partie des
« cotons exportés de l'Inde, est d'environ 3 millimètres
« Le plus court est le coton Bengale, mais les Western et
« ceux du Sud peuvent soutenir la concurrence avec les
« cotons américains..... »

Il y a toutefois plus d'égalité dans la longueur des
fibres du coton indien.

Nous avons à examiner maintenant la mesure du diamètre des fibres.

Lorsque nous parlons du diamètre des fibres du coton,
nous employons un terme inexact, car le mot diamètre ne
doit s'appliquer qu'à un corps cylindrique ou ellipsoïdal, ou
de toute autre forme, de courbure régulière et symétrique.
Or, le coton peut bien originairement être un tube cylindrique, et il resterait même tel, s'il se développait libre-
ment; mais l'enchevêtrement des fibres dans la capsule, la
pression qu'elles exercent les unes sur les autres, l'exposition inégale de leurs parties à l'action de l'air et de
la lumière amènent la déformation du tube : les parois
s'aplatissent, s'affaissent l'une sur l'autre, et donnent à la
fibre l'aspect d'un ruban fortement ourlé, plutôt que celui
d'un corps cylindrique. Nous devrions donc parler de la
largeur du coton, et non de son diamètre; toutefois, pour
obéir à l'usage, nous continuerons d'employer ce dernier
terme.

Bien qu'au point de vue pratique l'étude des longueurs
des fibres soit peut-être plus importante, nous trouvons
que quatre auteurs au lieu de trois se sont occupés d'en
déterminer les diamètres ; ce sont MM. Alcan, Evan Leigh,

le capitaine Mitchell, de Madras, et M. Roney, ingénieur civil de Philadelphie.

M. Evan Leigh et le capitaine Mitchell, qui ont opéré sur des échantillons très différents, l'un les prenant en Angleterre, et l'autre, à Madras, sont cependant arrivés à des résultats presque identiques et dont nos propres chiffres se rapprochent singulièrement, tandis qu'ils s'écartent davantage, au contraire, de ceux de M. Alcan. Pour les chiffres donnés par M. Roney, nous les reproduisons en en laissant l'appréciation au lecteur.

TABLEAU DES DIAMÈTRES DES FIBRES DU COTON
D'APRÈS L'AUTEUR

Soies fines (jusqu'à 0^m/$_m$0200)

Géorgie longue-soie extra	0^m/$_m$0165
Fidji	0 0172
Jumel	0 0194
Northern Madras et Hingenghaut	0 0200

Soies ordinaires (de 0^m/$_m$0200 à 0^m/$_m$0230)

Pernams et Cocanadah	0^m/$_m$0208
Amérique	0 0210
Oomraw et Pérou	0 0215
Bourbon	0 0222
Broach et Western Madras	0 0225

Soies fortes (de 0^m/$_m$0230 et au-delà)

Salonique	0^m/$_m$0230
Chine	0 0241
Bengale	0 0253
Perse	0 0258
Smyrne	0 0262
Diamètre moyen pris sur 10.000 diamètres	0 0216
Écart de la soie la plus fine à la plus forte	0 0010

TABLEAU DES DIAMÈTRES MOYENS

D'APRÈS

	M. Alcan	M. Evan Leigh	M. Ronky
Géorgie longue-soie	0.0143 à 0.0066	0.0196	0.0111
Jumel	0.0200 à 0.0166	0.0166	0.0111
Pérou longue-soie.........	0.0200 à 0.0133	»	0.0111
Brésil	0.0200 à 0.0166	0.0200	»
Amérique.	0.0222 à 0.0166	0.0196	»
N.-S. Floride	»	»	0.0119
Tennessee Uplands, ch. ext..	»	»	0.0127
Tennessee Uplands, choix...	»	»	0.0149
Mississippi ordinaire	»	»	0.0139
Texas fine	»	»	0.0139
Colonies du Cap, prov. orient.	»	»	0.0152
Indes. Indigène...........	»	0.0214	0.0187
Semences d'Amérique	»	0.0209	»
Graines de Sea-Island et de Jumel	»	0.0185	»

Sans entrer dans le détail du travail auquel nous avons eu à nous livrer, nous devons en indiquer au moins les traits principaux. Nos recherches ont porté sur des cotons de dix-huit provenances différentes. Pour chacune de ces sortes, le chiffre indiqué au tableau est la moyenne de 500 diamètres, sauf pour les cotons d'Amérique, dont la moyenne a été prise sur 1,500 diamètres. Le chiffre total est donc le résultat de 10,000 mesures.

Sans doute ce nombre, bien que respectable par lui-même, est peu de chose si l'on songe à la quantité incommensurable de fibres renfermées dans une balle de coton ; mais nous pensons que ces sortes de travaux sont de ceux dans lesquels il est inutile de chercher la perfection, et où il faut, par conséquent, savoir se borner. De plus, le temps très long absorbé par tout examen microscopique, surtout avec de forts grossissements (et, dans le cas actuel, nous employons un grossissement de 1,200 diamètres), empêche de pousser bien loin ces études.

Nous avons divisé les fibres en trois catégories, suivant leur épaisseur. Dans la première sont les soies fines, celles dont le diamètre ne dépasse pas deux centièmes de millimètre. Ce sont les cotons Géorgie longue-soie, celui des îles Fidji, le Jumel d'Égypte, et enfin, chose remarquable, deux cotons indiens d'un très beau classement, le « Northern Madras » et l' « Hingenghaut ».

La deuxième catégorie, désignée sous le nom de soies ordinaires, comprend les cotons des Etats-Unis, du Brésil, du Pérou, de l'île Bourbon et la plupart des sortes de l'Inde anglaise, sauf le « Bengale ».

Ce coton, en effet, rentre dans la troisième catégorie, celle des soies fortes, qui comprend en outre les cotons du Levant, de Chine et de Perse.

Le plus fin de tous est le Géorgie longue-soie, qui mesure 0 mill. 0165, et le plus épais est le coton de Smyrne, qui mesure 0 mill. 0262, soit presque les 5/8⁰ˢ en plus.

Il va sans dire que les chiffres indiqués dans ce tableau sont un renseignement aussi approximatif que possible, mais qu'ils ne représentent pas d'une manière absolue et invariable l'épaisseur des différents cotons. Ceux-ci, en effet, varient d'une année à l'autre suivant la saison, la nature de la graine, le plus ou moins de soin apporté à la culture; ils varient encore, dans la même année et sur la même plante, suivant la place même où les fibres ont été cueillies, et suivant leur degré de maturité plus ou moins grande. Il y a toutefois plusieurs remarques sur lesquelles il est bon d'insister, qui nous ont été suggérées par l'examen comparatif des mille fibres représentées au tableau.

C'est d'abord la forme même de la fibre du coton. Dans les soies fines et dans celles d'Amérique, l'extrémité libre est généralement très allongée et très fine; elle n'est souvent que de un à deux millièmes de millimètre; quelquefois, elle se termine absolument en aiguille, pour grossir ensuite graduellement jusqu'à ce qu'elle atteigne son épaisseur maxima; elle s'amincit enfin vers les 9/10es de sa longueur, et son diamètre, à l'extrémité par laquelle elle tenait à la graine, se rapproche souvent du diamètre moyen de toute la fibre.

Dans la plupart des soies ordinaires et dans les soies fortes, l'extrémité libre de la fibre n'est pas aussi allongée que nous venons de le dire tout à l'heure; elle se termine quelquefois en une partie courte et bien cylindrique de trois à cinq millièmes de millimètre, ou bien elle est aplatie et en forme de spatule. L'extrémité du côté de la graine est toujours amincie.

Une autre remarque digne d'intérêt naît de la proportion, plus ou moins grande suivant la provenance, des fibres non mûres, ou coton mort, aux fibres mûres. Plus

les soies sont fines, et plus facilement elles reçoivent, sous
l'action de l'air et de la lumière, les sucs nécessaires à leur
développement complet ; plus le coton est gros, au contraire,
et plus chacune des fibres tire de sucs de la graine ; celle-
ci peut se trouver épuisée avant que toutes les fibres aient
reçu leur développement final. C'est ainsi que, dans les
cotons de l'Inde et du Levant, dans le « Bengale » en particulier, l'on trouve généralement plus de coton mort que
dans les autres sortes. Dans certaines années même, la
proportion de ces fibres non mûres est telle que les tissus
faits avec ces cotons et soumis à la teinture ou à l'impression sont, par places, réfractaires à la couleur, et deviennent impossibles à employer.

Une troisième remarque, qui mérite à peine d'être signa-
lée, car elle saute aux yeux, c'est que plus les cotons sont
longs et plus ils sont fins, plus ils sont courts et plus ils
sont gros ; de sorte qu'en les rangeant dans l'ordre de leur
longueur, on les range également, à peu près, dans l'ordre
de leur finesse. Il y a toutefois une exception à faire en
faveur de ces deux sortes si belles du coton indien, le
« Northern Madras » et l'« Hingenghaut ».

L'épaisseur est-elle une qualité dans le coton ? Doit-on,
au contraire, préférer la finesse ? Sans trancher la question, nous pouvons dire qu'en principe les fibres les plus
épaisses sont aussi les plus résistantes, et qu'étant donné
que le filateur aura su approprier le travail à la nature du
coton, le fil fait avec certains cotons de l'Inde, de Chine et
du Levant, sera, à numéro égal, plus fort et plus résistant
que le fil fait avec les cotons d'Amérique.

Cela nous amène à dire comment se peuvent mesurer
l'élasticité des fibres et leur résistance à la rupture. C'est
à M. O'Neill que nous devons l'appareil très ingénieux qui
ert à cette double mesure.

Dans un cylindre en fer blanc A A, aux trois quarts rempli d'eau et portant à son extrémité inférieure un petit robinet C, plonge jusqu'aux 7/8es de sa hauteur un cylindre flotteur en fer blanc B. Le flotteur est fermé de toutes parts; la section et le poids en sont soigneusement déterminés d'avance. Sur la surface supérieure est une petite pince destinée à tenir l'une des extrémités de la fibre, tandis que l'autre extrémité est maintenue dans une pince fixe attachée à un montant en bois D, isolé du reste de l'appareil. A côté de la pince de l'appareil, sur la surface supérieure du cylindre flotteur, est fixée une aiguille F, dont l'autre bout correspond à une règle G, portant une graduation micrométrique.

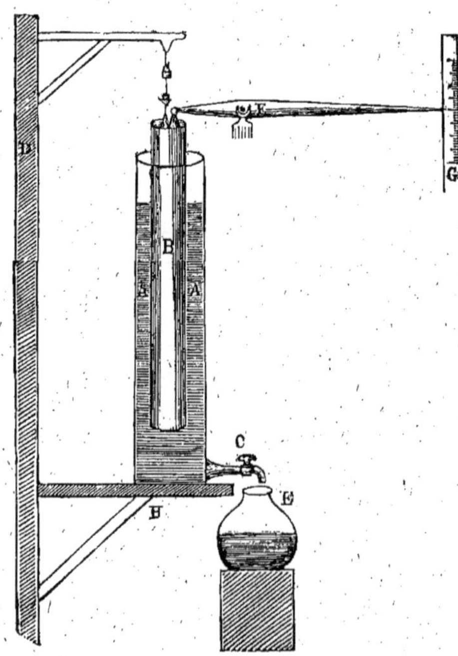

Voici le fonctionnement :

L'on attache chaque extrémité de la fibre à la pince mobile du flotteur et à la pince fixe du montant, en réglant la quantité d'eau dans le cylindre AA, de façon à ce que le flotteur B ne tire pas sur la fibre, et à ce que celle-ci ne soit ni trop ni trop peu tendue. L'aiguille se trouve alors à une position quelconque, variable avec la longueur de la fibre, et dont on prend note. Cela fait, il ne reste plus qu'à déterminer le poids qui fera rompre la fibre et l'allongement qu'elle aura subi avant la rupture. L'on tourne le petit robinet C ; l'eau, en s'écoulant goutte à goutte, dégage insensiblement le flotteur B, dont le poids se suspend alors à la fibre, jusqu'à ce que celle-ci vienne à se casser. L'on tourne aussitôt le robinet ; le poids de l'eau tombée dans le récipient E est proportionnel à la charge de rupture, et, au moyen d'un calcul assez simple, en donne le chiffre exact, tandis que l'aiguille F, qui a suivi le mouvement du flotteur, indique, par sa position sur la règle G, l'allongement de la fibre avant la rupture, c'est-à-dire son degré d'élasticité.

Cet allongement de la fibre nécessite naturellement une correction dans la détermination de la charge de rupture. Cette correction est indiquée par le bras le plus long de l'aiguille F, qui multiplie l'allongement réel six fois ; c'est-à-dire que le $1/6°$ de la longueur indiquée sur la règle est égal à la hauteur d'enfoncement du flotteur B dans l'eau ; l'équivalent en eau doit donc être soustrait de la quantité totale du liquide écoulé du cylindre AA avant la rupture.

La table suivante, calculée par M. O'Neill, donne une idée très exacte de la force de différents cotons.

Provenances	Résistance moyenne à la rupture	
Sea-Island Edisto...................	5 gr.	435
Queensland	9	56
Jumel...........................	8	24
Maranham	6	94
Benguela	6	51
Pernambuco	9	08
New-Orleans.....................	9	57
Uplands	6	77
Surat-Dhollerah	9	20
Surat-Comptah	10	60

Ces chiffres diffèrent sensiblement des suivants, communiqués par M. J. Heilmann à la *Société industrielle de Mulhouse* :

Louisiane........................	2 gr.	1/2
Jumel...........................	4	1/3
Géorgie longue-soie..............	3	2/3
Géorgie courte-soie..............	4	1/5

Ces chiffres n'ont qu'une valeur historique, comme étant le premier essai de détermination de la force des fibres. M. Heilmann avait eu le tort d'opérer non pas sur des fibres isolées, mais sur des fils. Il prenait d'un côté le poids de rupture du fil, et, d'un autre côté, à l'aide du microscope, le nombre de fibres formant la section du fil, ne tenant compte ainsi ni de la longueur des fibres, ni du point où celles-ci se trouvaient rompues.

Or, l'expérience prouve précisément que la résistance d'une fibre n'est pas uniforme sur toute sa longueur, que cette résistance est à son minimum quand la fibre est tenue par ses deux extrémités, et que le point de plus grande force varie suivant les cotons, mais se trouve toujours

plus près du bout adhérent à la graine que de l'extrémité
libre.

Nous avons vu maintenant quelles sont les qualités des
fibres du coton, comment elles se mesurent, et quelle est
leur valeur pour chacune des espèces principales. Or, il
faut bien le reconnaître, les différences entre tels et tels
cotons ne sont pas le plus souvent si importantes que l'on
puisse, du premier coup d'œil et sans hésitation, reconnaître, à l'aide de ces mesures, une espèce quelconque.
Deux fibres, dont l'une de coton d'Amérique et l'autre
de coton des Indes, peuvent avoir la même longueur et
un diamètre sensiblement égal; ce n'est donc que par
des mesures répétées et en prenant la moyenne que l'on
peut arriver à une approximation suffisante. Et, ici, nous
rencontrons une nouvelle objection; les mesures, telles
que les donnent les auteurs que nous avons cités, et telles
que nous les donnons nous-même, ne sont pas des moyennes
invariables, mais un simple renseignement. La nature du
sol et des saisons, le choix des graines, les progrès de la
culture peuvent, comme nous l'avons déjà dit, modifier
d'une manière appréciable une espèce donnée de coton, et
il faut répéter les expériences et les mesures sur un
nombre d'années considérable pour obtenir un chiffre qui
puisse servir de base.

En somme, et pour nous résumer, les différences qui
existent entre les qualités des cotons peuvent, dans une
certaine mesure, servir de caractères différentiels. Les
chiffres des tableaux ci-dessus ne sont ni absolus ni défi-
nitifs, mais ils présentent une indication approchant de la
vérité. Si, à la comparaison de ces chiffres, l'on joint une
observation microscopique attentive de la structure même
des fibres, des vrilles, de la surface, ou lisse ou inégale au

contraire, et couverte d'aspérités, de tous les détails enfin que suggère l'habitude de l'observation, il est peut-être possible alors de distinguer entre elles les principales sortes de coton.

Nous venons de voir la mesure des principales dimensions des fibres; les rapports de ces dimensions entre elles donnent la mesure de la valeur propre de la fibre. Pour l'examen de cette question, nous prendrons comme base les chiffres publiés par M. Evan Leigh et adoptés après vérification par M. Bowman.

LONGUEUR ET DIAMÈTRE DES FIBRES DU COTON.

EN MILLIMÈTRES

PROVENANCE	SORTE	LONGUEUR DES FIBRES			DIAMÈTRE DES FIBRES		
		Maxima	Minima	Moyenne	Maximum	Minimum	Moyen
États-Unis	New-Orleans	29.46	22.35	29.46	0.0246	0.0147	0.0196
Sea-Island	Longue-Soie	45.72	35.81	40.89	0.0208	0.0116	0.0162
Amérique du Sud	Brésilien	33.27	26.16	29.71	0.0243	0.0157	0.0200
Égypte	Jumel	38.60	33.02	35.81	0.0182	0.0149	0.0166
Inde anglaise	Graines indigènes	25.90	19.55	22.60	0.0264	0.0164	0.0214
	Graines d'Amérique	30.73	24.41	37.43	0.0252	0.0166	0.0209
	Graines de Sea-Island	41.91	34.54	38.10	0.0219	0.0151	0.0185

L'examen de ce tableau nous montre qu'il y a, pour les cotons de la même provenance, des écarts considérables dans la largeur et le diamètre; il nous prouve à nouveau que les fibres les plus longues sont aussi les plus fines, c'est-à-dire que le diamètre est proportionnel à la longueur. L'écart entre les dimensions extrêmes peut s'établir comme suit :

	Longueur.	Diamètre.
New-Orleans	7.11	0.0099
Sea-Island	9.91	0.0091
Brésilien	7.11	0.0086
Jumel	5.58	0.0033
Surat (indigène)	6.35	0.0099

De ce double tableau il ressort que le coton Jumel est le plus régulier de longueur et de diamètre, puisque l'écart le plus grand n'est que de 5,58 dans un cas, et 0,0033 dans l'autre; tandis que, dans la Géorgie longue-soie qui est le plus long et le plus fin, l'on remarque aussi l'écart le plus grand d'une fibre à l'autre, soit 9,91 et 0,0091.

L'on peut observer en plus que la variation est proportionnellement beaucoup plus grande dans les diamètres que dans les longueurs, et, pour s'en assurer, il suffit de jeter un coup d'œil dans le microscope, sur une préparation montrant un certain nombre de fibres juxtaposées; or, « il est « vraiment étonnant, dit M. Bowman, qu'avec des éléments « si variables et si inégaux l'on puisse obtenir mécanique- « ment une régularité aussi parfaite que celle de nos filés « de bonne marque ».

En comparant maintenant le diamètre des fibres aux chiffres de leur résistance à la rupture donnés plus haut par M. Ch. O'Neill, nous voyons que la force du coton est

en raison directe de son diamètre, c'est-à-dire que plus sa
section tranversale est grande et plus élevé est le poids nécessaire pour en obtenir la rupture ; mais nous trouvons
alors que, proportionnellement à la section transversale,
c'est encore le coton Jumel qui tient le premier rang,
puisqu'avec une différence de diamètre de 0,0004 de millimètre seulement en plus, il supporte 2 gr. 80 de plus. De
même, il est de 0,0048 de millimètre plus fin que le Surat,
et la différence des poids n'est que de 2 gr. 36. Proportionnellement à la différence des sections transversales, la différence des poids devrait être environ de la moitié, autant
qu'il est permis d'en juger étant donné le nombre restreint
des expériences sur lesquelles sont basés ces chiffres.

ÉTAT HYGROMÉTRIQUE.

Le coton est une substance hygroscopique ; non-seulement il contient une certaine proportion d'eau qui fait
partie de sa constitution chimique, et sans laquelle il
perd sinon son aspect, du moins une grande partie de ses
propriétés naturelles, mais, de plus, il peut absorber une
quantité d'humidité considérable, dont la présence dans
les filés et les tissus présente tout à la fois des avantages
et des inconvénients.

L'avantage de l'humidité pour les filés est d'en fixer la
torsion et d'en augmenter la force. Lorsque l'on retire des
broches du métier à filer la bobine nouvellement faite, et
qu'on la dévide aussitôt, le fil forme des vrilles et des
boucles ; il se détord et se contourne, et devient, dans cet
état, presque impossible à employer. Or, cet état tient à ce

que la torsion énergique donnée au métier n'est pas encore
fixée, c'est-à-dire que chacune des fibres qui composent le
fil n'a pas encore pris la forme et la disposition qui lui
sont assignées par sa position, relativement aux fibres
voisines. Pour que cette forme et cette disposition nouvelles deviennent définitives, il suffit d'un peu de temps et
d'un passage de quelques jours dans un endroit humide.
Lorsque le temps manque entre le filage et le tissage pour
donner au fil le repos nécessaire, on le fait passer pendant
quinze ou vingt minutes, suivant les circonstances, dans
une boîte en fer hermétiquement fermée, et qui reçoit la
vapeur des générateurs sous une pression de trois, quatre
ou cinq atmosphères.

Grâce à cette précaution, non-seulement le filé ne forme
plus de vrilles et de boucles, quand on le dévide de la bobine,
mais il acquiert en même temps, par la fixation de la torsion, une force et une solidité plus grandes. Ainsi, d'après
M. Thomson, un écheveau qui, avec 8 pour cent d'eau, se
brisait sous un poids de 29 kilog., ne se brisait plus, avec
17 pour cent d'humidité, que sous un poids de 31 kilog. 250.
La quantité d'eau étant réduite à 3 pour cent, 18 kilog.
suffisaient pour rompre l'écheveau.

L'humidité est donc l'un des facteurs de la bonne qualité
des filés; mais cet avantage est compensé par des inconvénients assez graves.

Chacun sait que le fil de coton se vend à la longueur et
au poids. Supposons un achat de 1,000 kilog. de fil numéro 20; l'acheteur devra recevoir 40,000,000 de mètres
de fil pesant 1,000 kilog. La chose est facile à faire;
mais, si le filateur n'est pas scrupuleux, il peut profiter de
la propriété qu'a le coton d'absorber une certaine quantité
d'eau, faire séjourner son fil pendant un temps prolongé

dans une atmosphère saturée de vapeur et gagner 2, 3, 4 pour cent, et même beaucoup plus. Il livrera, de la sorte, 970 kilog. de coton ayant une longueur de 38,800,000 mètres et 30 kilog. d'eau. Quelle est la garantie de l'acheteur contre cette déloyauté du filateur?

Aucune.

Quelle est maintenant la garantie du filateur contre l'acheteur déloyal qui, recevant des filés honnêtement livrés, les fait fortement sécher, les prive de cette partie même d'humidité que le coton contient naturellement et vient réclamer, avec une réfaction sur les filés, le paiement d'une différence de poids souvent exagérée? Notre expérience personnelle nous a mis à même de connaître tel tisseur qui fait de sa salle de générateurs son magasin de filés, qui, après un passage de deux ou trois jours sur les chaudières, fait peser les caisses et accourt ensuite, avec de grands airs d'indignation, réclamer des différences considérables.

Le remède à ces fraudes est tout indiqué; c'est le *conditionnement*. Malheureusement, malgré tout l'intérêt qu'il y aurait à obtenir l'extension large et générale d'une mesure de cette nature, nous ne connaissons guère de procédés pratiques et faciles de titrage des fils.

Les congrès internationaux qui se sont réunis à plusieurs reprises pour l'unification du numérotage des filés ont été unanimes à déclarer que le conditionnement est la base légale du titrage. Le congrès de Turin, en 1875, émettait les vœux suivants :

Que le conditionnement soit facultatif, mais qu'il devienne obligatoire sur la demande de l'une des parties;

Que le conditionnement se fasse à l'absolu sec, sans dénaturer le fil, et en ajoutant au poids que donne la siccité absolue une reprise convenue comme suit : pour le coton, 8 1/2 pour cent;

Que la dessiccation absolue soit donnée par une température maxima de 105° à 110°.

Malgré les récompenses promises par les sociétés savantes et industrielles pour la découverte d'une méthode pratique de conditionnement, le procédé reste encore à découvrir. Les difficultés augmentent lorsqu'on songe qu'il ne s'agit pas seulement de déterminer la proportion d'eau contenue dans une quantité donnée de filés, mais qu'il faut encore déterminer dans n'importe quelle sorte de tissu de coton écru, blanchi, teint ou imprimé, la proportion de coton et de matières étrangères mises intentionnellement pour ajouter du poids au tissu ou lui donner de la main. Le problème se complique alors de lavages, de décreusages aux agents chimiques et de séchage, dont la manipulation est longue, délicate, et laisse toujours place à quelques chances d'erreurs.

Il y a plusieurs années, le professeur Crace Calvert établit à Manchester une *condition* qui dut être bientôt abandonnée. Quand on connaît le soin tout particulier avec lequel certains filateurs d'Oldham et environs redonnent au filé l'excès d'humidité qu'ils se plaignent de trouver dans le coton en balles, ne peut-on pas trouver bien naïvement honnête le savant professeur? Son essai dut donc échouer, et par le manque d'appui moral, et par les difficultés matérielles qui rendent provisoirement le conditionnement du coton d'une généralisation impossible.

DENSITÉ.

Les premières expériences relatives à la densité du coton (et nous n'en connaissons pas d'autres) furent faites par le Dr Ure, en 1822. Déterminer avec précision le poids spécifique des fibres textiles est un travail hérissé de tant de difficultés et de causes d'erreur que peu de chimistes aiment à entreprendre cette expérience. Pour moi, dit le Dr Ure, je me suis donné assez de mal à ce sujet pour expliquer en détail la méthode simple et aussi exacte que possible que j'ai imaginée.

La seule manière d'obtenir exactement la densité d'une matière est de peser la quantité d'eau qu'elle déplace pour un volume déterminé. Après avoir pesé avec grand soin, dans un flacon à long goulot, 2,000 gr. d'eau distillée, et après avoir marqué sur le goulot le niveau de l'eau, j'ai retiré du flacon exactement 200 gr. d'eau ; puis j'ai pesé 300 gr. de la substance textile à examiner. J'introduisis ensuite cette substance dans le flacon, par petites quantités à la fois, en ayant soin de plonger les fibres jusqu'au fond du flacon, avec un fil de fer, de façon à les mouiller et à chasser les particules d'air qui restent toujours attachées à la surface. Chaque fois que, par suite d'une introduction suffisante de la matière textile, le niveau de l'eau était ramené à la marque faite sur le goulot, le volume de la matière textile introduite était naturellement égal au volume des 200 gr. d'eau retirés. En pesant alors le flacon, et en divisant par 2 l'augmentation de poids constatée, le quotient donnait la densité de la substance par rapport à l'eau à 100.

Je n'ai pas besoin d'ajouter que les particules d'air imperceptibles qui restent attachées à la surface des fibres sont une cause d'erreur inévitable, et qu'il me fallait plusieurs heures pour remplir soit de coton, soit de laine, l'espace vide du flacon, et pour y remuer tellement les fibres que la plus grande quantité d'air possible en fût chassée. C'est ainsi que j'ai obtenu comme

Densité du coton......... 1,47 - 1,50
— du lin............... 1,50
— de la laine 1,26
— de la soie 1,30
— du linge de momies. 1,50

J'avais eu soin, au commencement de chaque expérience, de prendre un poids bien précis de chaque substance ; j'ai dit 300 gr., de façon à vérifier le résultat de l'expérience. En effet, la différence entre 300 gr. et le poids de la substance qui restait et que je n'avais pu introduire, devait être égale au poids de la partie introduite dans le flacon. Chaque fois que ces quantités différaient, je recommencais l'expérience.

Comme on le voit par les chiffres ci-dessus, la différence entre les densités du coton et du lin est très faible, et probablement nulle ; il en est de même pour la laine et la soie. Si cette observation est exacte, les fibres textiles de l'ordre végétal et celles de l'ordre animal ont respectivement la même densité.

PROPRIÉTÉS CHIMIQUES.

Quels que soient les agents chimiques auxquels la fibre peut se trouver soumise, et malgré le caractère presque absolument neutre de la cellulose, l'on peut dire cependant, d'une manière générale, que le coton plongé dans n'importe quelle solution et mis en contact avec n'importe quelle substance éprouve un changement quelconque ; et ce qui le démontre, c'est que la fibre qui a été une fois traitée ainsi se conduit toujours d'une façon différente avec d'autres substances que si elle n'avait été soumise préalablement à aucun traitement, quels que soient, du reste, les lavages et les moyens employés pour faire disparaître toute trace de ce premier traitement.

De nombreuses expériences ont été faites par M. Bolley, à l'aide d'un nombre de réactifs considérable, et, dans tous les cas, il a observé un changement dans le caractère chimique des solutions employées. Il en a conclu qu'outre l'action mécanique d'absorption de la fibre, celle-ci a dû subir également une action chimique, puisque certains éléments de la solution ont disparu ou se sont trouvés altérés.

Nous avons vu quelle est l'action de l'air sec ou humide sur le coton. L'air chargé des vapeurs du gaz d'éclairage n'est pas non plus sans influence, et, si cette influence n'est pas énergique, le coton en souffre cependant, lorsqu'il y reste soumis assez longtemps, soit dans les ateliers où il est travaillé, soit dans les magasins où il attend d'être employé. D'après le Dr Wallace, de Glasgow, le charbon ordinaire, dont la distillation produit le gaz, contient plus ou moins de soufre, qui se trouve entraîné et se transforme par la combustion en acides sulfureux et sulfurique. Ces acides exercent l'influence la plus funeste non-seulement sur la nuance des tissus de coton, mais, au bout d'un certain temps, sur la fibre elle-même qui perd toute force et est comme brûlée. A cet inconvénient, plusieurs fois reconnu dans les magasins de Londres, Glasgow, Leeds, Manchester, le seul remède consiste dans une ventilation constante des magasins et dans le blanchîment fréquent des murs à l'eau de chaux, qui fixe les vapeurs acides dont l'atmosphère est saturée.

L'action des acides organiques sur le coton a été étudiée par le professeur Crace Calvert. Après avoir préalablement lavé des pièces de tissus légers dans l'eau distillée, il les plongea dans une solution à froid des acides tartrique, citrique et oxalique, lesquels sont les plus employés dans l'impression et la teinture. Les solutions contenaient 2 pour cent, puis 4 pour cent des acides susdits, et la température en fut portée successivement de 4° à 86°, et 126° C. Les résultats de ces expériences sont consignés dans le tableau suivant :

Solution à 2 pour cent.	86°	100°	126°
Acide tartrique.	Sans action.	Sans action.	Peu endommagé.
— citrique.	id.	Très peu endommagé.	id.
— oxalique.	Assez altéré.	Plus altéré.	Très altéré.

Solution à 4 pour cent.			
Acide tartrique.	Légèrement altéré.	Très altéré.	Complètement altéré.
— citrique.	id.	id.	id.
— oxalique.	id.	id.	Détruit.

En épaississant les solutions de ces acides avec de la gomme, de l'amidon et autres substances, l'on remarque que l'intensité d'action des acides est considérablement augmentée. Si l'on soumet les tissus ainsi empesés à la vapeur, l'action destructive est encore plus énergique qu'avec la chaleur sèche.

D'après M. A. Dollfus, il convient de faire des réserves sur les conclusions de M. Crace Calvert. Les acides tartrique et citrique auraient sur le coton une action égale ;

l'acide oxalique, au contraire, l'attaquerait davantage. Des échantillons soumis pendant une heure à la vapeur seraient moins attaqués que les échantillons correspondants exposés pendant une heure à une chaleur sèche de 80°; et lorsque l'appareil à vaporisage n'est pas hermétiquement fermé et permet à la chaleur de se dégager, l'action des acides est encore moindre.

De tous les oxydes métalliques, l'un de ceux qui ont la plus grande affinité pour les fibres textiles est l'oxyde d'étain. Le protoxyde comme le peroxyde ont une affinité générale pour toutes les variétés de fibres, et se combinent également bien avec le coton, la laine, la soie. Ces combinaisons n'ont pas la même énergie; elle tient plus sur la laine que sur la soie et le coton; elle est plus durable sur la soie que sur le coton, grâce, sans doute, à la différence de structure des fibres. L'oxyde d'étain est donc employé sur le coton plutôt comme auxiliaire que comme mordant unique; s'il ne donne pas de solidité aux couleurs, il leur donne du brillant. Le coton n'en absorbe qu'une très faible quantité; on peut le débarrasser ensuite d'une certaine partie, mais la minime proportion qui y reste forme avec la fibre une combinaison si forte que rien ne saurait séparer l'une de l'autre sans une désorganisation complète des deux.

Le chlore est l'une des substances les plus employées dans le traitement du coton, puisqu'il sert de base aux opérations du blanchîment. Nous n'avons pas à discuter les diverses théories sur la manière dont s'opère le blanchîment; nous devons remarquer toutefois que, lorsqu'on soumet à l'action de l'ammoniure de cuivre du coton qui a été préalablement blanchi, la membrane extérieure, qui, dans le coton écru, se détache en anneaux, paraît ne plus

exister, soit que le blanchîment l'ait fait entièrement disparaître, soit qu'en enlevant au moins la couche oléagineuse qui la recouvrait, elle l'ait rendue soluble dans le
réactif.

L'action du chlore sur le coton est très énergique, surtout à une haute température et à l'état concentré. On ne
doit même laisser séjourner le coton dans les solutions
froides, si étendues qu'elles soient, que le moins longtemps
possible ; l'on doit également le laver ensuite avec grand
soin, pour le débarrasser des particules de chlore qui y
resteraient fixées, le coton ayant la propriété d'en absorber
un volume considérable, comme le font d'autres substances,
telles que l'éponge de platine et le charbon animal.

C'est donc avec raison que les bonnes ménagères s'opposent à l'emploi des sels de chlore pour le blanchissage
de leur linge ; car, ainsi que le signalait J. Persoz en 1846,
« l'expérience prouve qu'une toile imprégnée de chlorure
« de chaux, même assez étendu d'eau, et qui paraît au pre-
« mier abord n'avoir subi aucune altération, finit tou-
« jours par tomber en poudre. Une toile, plongée dans une
« dissolution bouillante de ce même chlorure, est encore
« plus promptement endommagée ». L'action du chlore et
de ses sels sur le coton a été étudiée par M. G. Witz, et
décrite par lui dans un Mémoire très intéressant publié
par la Société Industrielle de Rouen.

En somme, les hypochlorites et l'acide hypochloreux,
comme l'acide chromique, l'acide permanganique, l'eau
oxygénée, l'ozone, l'air atmosphérique même, dans les
conditions normales, produisent plus ou moins rapidement
l'oxydation du coton, suivant les conditions de température et de concentration des divers agents. Cette oxydation a pour but de faciliter la teinture, et elle trouve une

application particulièrement heureuse dans le travail des cotons morts. Les fibres, transformées en oxycellulose, absorbent à froid les matières colorantes de nature basique, les oxydes métalliques.

D'après les observations de M. Schwartz, un tissu de coton bouilli en lait de chaux s'affaiblit sensiblement s'il n'est pas en même temps préservé complètement du contact de l'air. Le même affaiblissement s'observe lorsque les fibres sont en contact avec des substances qui s'oxydent lentement à l'air.

Chacun sait, en effet, que la chaux détruit par elle-même tous les tissus végétaux et organisés; cette action destructive est due à la chaleur considérable qui accompagne l'absorption de l'eau par la chaux. Soit dans le blanchîment, soit dans la teinture, l'on n'emploie guère que le lait de chaux et les sulfate et carbonate de chaux. Le lait de chaux ne jouit que d'une alcalinité très faible, l'eau ne pouvant en dissoudre que de très petites quantités; et, si parfois au blanchîment l'on constate la perte de pièces de tissus, la cause en est aux particules d'hydrate de chaux restées en suspension dans le liquide, et qui, venant à se déshydrater sous l'action de l'air et de la chaleur, laissent les fibres en contact avec la chaux pure. En tous cas, l'action simultanée de l'air et de la chaleur semble nécessaire pour aider à l'action destructive de la chaux; il faut donc éviter d'exposer à l'air des tissus déjà en contact avec elle, non pas que l'air agisse chimiquement sur le tissu, mais, par suite de l'évaporation de l'eau, la chaux est mise en contact direct avec la fibre, lui enlève son eau de constitution et la désorganise.

La potasse et la soude, à l'état naturel ou en carbonates, n'ont pas d'action marquée sur la fibre du coton, mais les

mêmes, concentrés, à l'état caustique, agissent alors éner-
giquement et différemment, suivant qu'ils sont employés
à chaud ou à froid, au contact ou à l'abri de l'air. Une
solution faible de potasse caustique, à froid, n'a aucune
influence marquée sur la fibre, quelque temps que celle-ci
y reste plongée. Si on la sort du bain, au contraire, à
plusieurs reprises, pour l'exposer à l'air encore humide, il
se produit comme une désintégration de la fibre, qui résulte
sans doute de la destruction de la membrane extérieure.
Or, certains cotons résistent plus longtemps que d'autres
à l'effet de la solution caustique ; des tissus perdent absolument toute consistance dans une solution de quelques
degrés à l'alcalimètre, tandis que d'autres résistent à des
solutions quatre fois plus fortes.

L'action des alcalis sur le coton est d'autant plus énergique que celui-ci a été préalablement soumis à l'action de
diverses substances, comme dans le blanchîment, à l'action
d'acides, de la chaux, de savons ; et cela est aisé à comprendre, si l'on considère que ces différentes substances
ont précisément pour effet de détruire la membrane extérieure de la fibre, et d'en mettre ainsi à nu le tissu cellulaire, sur lequel les alcalis agissent alors avec d'autant
plus de force.

L'action caractéristique des alcalis caustiques sur les
tissus de coton est une modification physique du tissu,
très remarquable et digne d'intérêt au point de vue pratique. Si on laisse tomber quelques gouttes de potasse ou
de soude caustique sur une pièce de calicot, à la place
de chaque goutte les fibres deviennent plus denses, plus
serrées, et le tissu se rétrécit ; la tache, ainsi formée,
persiste après lavage, même aux acides faibles. Si l'on
plonge la pièce entière dans une solution d'alcali, le tissu

tout entier paraît plus dense, plus serré, et sa dimension superficielle est diminuée dans le rapport de 120 : 80; le tissu acquiert en même temps le pouvoir de se teindre en nuances beaucoup plus foncées qu'avant le traitement.

L'observation de ce fait est due à M. Persoz, mais il n'y a qu'une trentaine d'années qu'on songea à l'utiliser dans l'industrie. Ce fut en 1850 que M. J. Mercer, auquel la chimie industrielle doit plusieurs découvertes heureuses, tenta la mise en pratique du procédé appelé depuis *mercerisation*. M. Mercer faisait passer le tissu dans une solution de soude caustique de 35 à 40° Beaumé, puis les lavait dans l'eau, et ensuite dans une solution acidulée faible, pour enlever les particules de soude restées dans les plis du tissu. Celui-ci, une fois séché, avait un aspect singulier, ne réfléchissant pas aussi vivement la lumière blanche, mais restant comme transparent; les fils paraissaient plus ronds, plus résistants et plus serrés l'un contre l'autre, ce qui explique le rétrécissement superficiel du tissu; enfin le tissu, plongé dans un bain d'indigo, par exemple, absorbait une quantité de matière colorante égale à cinq et six fois la valeur absorbée par le même tissu à l'état ordinaire; aussi, la matière colorante, une fois fixée sur la fibre, s'en détachait difficilement et produisait une teinture d'une solidité, d'une intensité et d'un éclat incomparables.

Le prix de revient de ce procédé en empêcha la généralisation. Il nécessitait, en effet, de grandes quantités de soude caustique, et, de plus, la contraction du tissu était un inconvénient que ne compensait pas suffisamment la force plus grande qui lui était donnée, et que l'on obtient plus économiquement par la filature même et le tissage, grâce aux progrès accomplis dans ces deux industries.

Il reste maintenant à examiner comment les alcalis

caustiques, en augmentant la densité des fibres, leur donnent
plus de force de résistance. Dans un mémoire très remarquable, communiqué à la «Chemical Society» de Glasgow,
M. Walter Crum fait observer que, si l'on soumet à la mercerisation une fibre non mûre, et, par suite, absolument
aplatie et en forme de ruban, elle prend aussitôt la forme
arrondie et pleine du coton mûr, n'en différant que par une
section plus petite et une ouverture centrale plus grande.
M. W. Crum ajoute : «Il est probable que la mercerisation
« produit un effet analogue à celui de la maturation, et
» que l'expansion qui se manifeste dans l'un et dans l'autre
« cas est due non pas seulement à ce qu'une matière
« nouvelle vient tapisser l'intérieur de la membrane pri-
« mitive, mais à ce que, cette paroi elle-même devenant
« plus forte et plus élastique, une séparation s'opère entre
« les différentes couches ou lamelles qui la composent. »
C'est aussi notre opinion, et cet exposé de M. W. Crum
confirme ce que nous avons dit plus haut de la structure de
la fibre, en même temps que les *fig.* 19, 20, 22, *pl.* IV,
expliquent comment, à travers les fibrilles ou membranes
constitutives de la paroi de la fibre, les liquides peuvent
circuler et distendre les couches de tissu cellulaire. Ce
mode de formation de la paroi explique donc l'énergie
incroyable avec laquelle la fibre mercerisée absorbe les
matières colorantes.

Un autre mode de mercerisation est l'emploi de l'acide
sulfurique ; mais c'est là un procédé de laboratoire et qui
ne saurait entrer dans la pratique industrielle. L'acide sulfurique gonfle les fibres à la manière des alcalis caustiques,
et fait apparaître au microscope les fibrilles ou membranes qui constituent la paroi cellulaire (*Fig.* 19, 20, 22,
déjà citées).

Lorsqu'on plonge un tissu de coton dans l'acide à 60° B, il devient transparent et se contracte, et si on le trempe dans l'eau, il prend l'aspect d'un parchemin épais, conservant une demi-transparence ; maintenu dans l'acide, il se dissout en une heure. Quant au noir qui paraît se séparer des fibres peu à peu, à l'état de poudre d'une finesse excessive, il ne verdit que lorsque l'eau est ajoutée et dilue l'acide ; sinon, il se dissout aussi à la longue, en donnant diverses nuances rosées. Au-dessous de 55-60° B, le coton n'est pas parcheminé, mais très affaibli et plus ou moins brûlé, suivant le plus ou moins de degré de la solution acide.

L'acide azotique concentré, à froid, ne paraît pas avoir d'action sur la structure de la fibre examinée au microscope. A chaud, l'acide azotique dissout la cellulose avec dégagement de vapeurs nitreuses et formation d'acide oxalique.

La cellulose, mélangée aux matières azotées qui l'accompagnent dans l'organisme végétal, subit une combustion lente, une fermentation spéciale qui la convertit en une matière friable, jaune ou brune, appelée « pourri » ; ce genre d'altération est dû à des infusoires dont le développement exige la présence de composés azotés. En dehors des matières colorantes dont l'affinité pour le coton est essentiellement variable, certaines substances végétales s'unissent à la fibre avec une force d'attraction très grande. La combinaison qu'elles forment avec la fibre n'est pas encore bien connue, mais elle est sans doute d'une nature très intime et d'une persistance qui ressemble à celle des combinaisons formées avec les matières minérales.

L'action simultanée de l'acide sulfurique et de l'acide azotique sur le coton détermine la formation d'un nouveau composé d'une nature particulière, et qui a reçu le nom de coton-poudre ou pyroxyle. Nous n'avons pas à nous occuper ici des propriétés physiques et chimiques de ce nouveau corps, qui n'est plus le coton ; nous nous bornerons à indiquer comment on le produit industriellement et quelle modification subit alors le coton. D'après les expériences de M. Kuhlmann et de M. G. Witz, le mélange doit être composé ainsi qu'il suit :

    250 gr. d'eau.
    500 — acide nitrique 36° B.
   1000 — — sulfurique 66° B.

On ajoute l'acide sulfurique en plusieurs fois, afin de ne pas dépasser la température de 40°.

Le coton, plongé dans ce mélange, devient translucide et presque transparent au bout de dix minutes, dit M. G. Witz ; il s'affaiblit beaucoup en même temps, car le tissu se rompt en partie, lorsqu'au bout de vingt minutes d'immersion, on le soulève par plis avec de gros tubes de verre pour le plonger dans beaucoup d'eau. Il devient alors crispé et demi-élastique, blanc laiteux, rappelant l'aspect du blanc d'œuf cuit, et, après lavages, prenant à sec la dureté du parchemin. La matière brûle lentement en fusant et laissant un charbon un peu boursouflé.

La présence de l'azote dans le coton-poudre semble apporter peu de différence dans les propriétés tinctoriales avec le coton simplement traité par l'acide sulfurique à 45° ou 50° B. Par contre, la cellulose régénérée du coton par le procédé Béchamp, puis mordancée, se teint aussi bien que le coton ordinaire. Le coton incomplètement pyroxylé au moyen d'acides étendus, ou encore le pyroxyle partiellement décomposé, se teint, au contraire, mieux que le coton ordinaire.

ANALYSE DU COTON

La fibre du coton est une cellule filamenteuse, c'est-à-dire que, comme toute cellule, elle se compose d'une paroi limitant une cavité interne remplie d'un contenu quelconque. Cette paroi de la fibre n'est pas simple ; elle est au contraire comme un tissu circulaire, comme une tresse de lamelles ou de cellules infiniment petites, s'entrecroisant les unes les autres suivant une direction en spirale plus ou moins prononcée, parfois aussi parallèles à l'axe de la fibre.

Cette paroi, dont on ne peut dissocier les éléments qu'avec la plus grande difficulté, et qui, même avec les microscopes les plus puissants, paraît absolument une et homogène, est originairement cylindrique. La compression réciproque des fibres renfermées dans la capsule du cotonnier, jointe à une exposition inégale à l'air et à la lumière, contournent et déforment la fibre, en modifiant d'une manière très sensible sa constitution chimique.

Nous avons dit que toute cellule végétale se compose d'une paroi. Cette paroi est formée elle-même de cellulose, unie souvent à d'autres substances organiques; mais c'est toujours la cellulose qui forme la partie fondamentale de la paroi primaire des cellules végétales et de leurs couches d'accroissement. « La paroi de toutes les jeunes cellules, dit M. Ch. Robin, est formée de cellulose seulement. »

Sans entrer ici dans le détail de la composition chimique et des différentes propriétés de la cellulose, nous nous bornerons à dire que c'est un composé hydrocarboné, similaire de l'amidon, et dont la formule est $C^{12} H^{10} O^{10}$.

Il existe cependant entre ces deux corps isomérés des différences qui ne nous permettent pas de les considérer comme absolument semblables. D'après M. Berthelot, l'amidon serait un triglycoside, répondant à la formule $(C^{12} H^{10} O^{10})^3$; tandis que la cellulose, représentée par $(C^{12} H^{10} O^{10})^4$, serait un tétraglycoside. Le même glycoside $(C^{12} H^{10} O^{10})$ serait combiné trois fois avec lui-même pour former l'amidon, et quatre fois pour former la cellulose; cette dernière serait donc un état de condensation plus avancé de la substance amylacée.

Mais si la cellulose est l'élément constitutif fondamental du coton, il s'y trouve combiné avec un nombre relativement considérable d'autres substances.

Et d'abord, avec la cellulose, le coton contient une certaine quantité d'eau, variable suivant les saisons, et s'élevant de 4 à 12 pour cent. De plus, pour la même saison, cette quantité varie, suivant que le coton vient d'être cueilli à l'arbre ou qu'il est déjà ancien. Il n'est pas question ici de l'eau absorbée par le coton, lorsque, soit sur l'arbre, soit après la cueillette, il est resté exposé à la pluie; il est encore moins question de l'eau dont certains planteurs arrosent leurs balles pour en augmenter le poids; il suffit, pour en débarrasser le coton, de l'exposer quelque temps à une chaleur tempérée. Mais, à côté de cette humidité purement accidentelle, la fibre contient une certaine partie d'eau qui lui est inhérente, qui forme avec elle une

combinaison chimique très faible, et que l'on peut appeler
« eau de constitution ». Et la preuve que cette eau est
bien l'un des éléments nécessaires de la fibre, c'est que, si
l'on soumet le coton à une température sèche très élevée,
cette eau d'hydration s'évapore; mais, en même temps, la
fibre perd sa souplesse et son élasticité: elle devient dure et
cassante, se plie aussi peu qu'un mince fil de métal; enfin,
elle perd de son poids 5 à 8 pour cent. Vient-on à replacer
le coton dans les conditions ordinaires de température et
d'hygrométrie de l'air, il reprend aussitôt, avec son poids
primitif, sa souplesse et son élasticité premières.

Toutefois, lorsque la température sèche à laquelle on a
soumis la fibre devient excessive, il peut se faire que le coton
perde alors jusqu'à 12 et 14 pour cent, et qu'on ne puisse
lui faire regagner dans la suite le poids perdu. Cela tient
à ce qu'en même temps que l'eau de constitution, les
parties liquides contenues soit dans la cavité centrale, soit
dans la paroi de la fibre, se sont aussi évaporées, sans
qu'on puisse déterminer exactement dans quelles proportions, et sans que rien puisse ensuite les remplacer.

Quelques chimistes ont supposé que la présence de l'eau
dans le coton était due à la structure même de la fibre, et
que c'était un simple phénomène d'attraction capillaire. Le
Dr Bowman fait observer avec raison que, si l'on dissout
de la cellulose dans l'ammoniure de cuivre et que l'on
précipite ensuite, la gelée amorphe qui forme le précipité et
qui n'offre aucune structure capillaire possède cependant les
mêmes propriétés que la cellulose du coton, ce qui prouve
bien que la cellulose a, pour l'eau, une véritable affinité
chimique.

Or, la fibre du coton n'est pas composée seulement de
cellulose et d'eau. Persoz, qui, l'un des premiers, a examiné

la constitution chimique des fibres végétales, telles que le coton, le lin, le chanvre, dit qu'elles contiennent en outre :

1° Une certaine quantité de matière colorante, à l'état colorable ou coloré, qui se trouve plus ou moins préservée de l'action des agents décolorants par les corps qui l'accompagnent naturellement ou accidentellement;

2° Une résine particulière, naturelle à la fibre, insoluble dans l'eau, et difficilement soluble dans les alcools, qui fait fonction de réserve, et protège les principes colorables ou colorés contre l'action des agents qui peuvent les détruire ou les enlever;

3° Une certaine quantité de corps gras, inhérents à la fibre dans une faible proportion, la plus grande partie venant de la filature et du tissage;

4° . . . .

. . . .

5° Des matières salines inorganiques, également inhérentes à la fibre, en faible proportion.

C'est en partant de ces données, vagues et insuffisantes, que le Dr Schunck est arrivé à déterminer, par des expériences rigoureuses, ceux des éléments constitutifs du coton qui sont insolubles dans l'eau, mais solubles dans les lessives alcalines, d'où on les obtient, sous forme de précipités, par l'action des acides.

Dans la première expérience, environ 200 kil. de fil n° 20 anglais (n° 17 français), en coton des Indes, de la variété appelée « Dhollerah », furent soumis pendant sept heures et demie à l'ébullition, dans une cuve contenant de la lessive de soude. Le fil fut enlevé et égoutté; il restait une liqueur d'un brun foncé, qui fut décantée, puis mêlée à un excès d'acide sulfurique; un précipité abondant et d'un brun léger se produisit aussitôt sous forme de flocons, tandis que le liquide devenait presque incolore. Le précipité une fois déposé au fond du vase, le liquide fut décanté à nouveau pour permettre de laver le précipité avec de l'eau froide, et d'enlever ainsi le sulfate de soude et l'excès d'acide sulfurique. Le précipité lavé de la sorte fut mis enfin sur un tamis de calicot pour sécher, pendant un temps assez long, à cause de sa nature gélatineuse. La pulpe épaisse obtenue à la suite de ces diverses opérations pesait environ 27 kil., et, après un séchage complet, représentait 0,337 pour cent du poids du coton.

Dans une seconde expérience, 1,087 kil. du même coton, d'une qualité un peu inférieure, furent soumis au même traitement, et donnèrent le même précipité, mais le poids n'en fut pas déterminé.

Enfin, dans une troisième expérience, 226 kil. de fil n° 20 anglais, en coton d'Amérique, « Middling Uplands », traités aussi de la même manière, donnèrent également le même précipité, qui, séché, représentait environ 0, 48 pour cent du poids du coton employé.

Dans les trois cas, le précipité était composé surtout de matière organique. En plus des substances extraites du coton par l'alcali, il contenait encore une petite quantité de filaments détachés du fil par l'ébullition. Réduit en cendres, il laissait de 2, 3 à 6, 9 pour cent d'une cendre non alcaline, d'un jaune léger, consistant surtout en oxyde de fer, alumine, silicate d'alumine, avec traces de sulfate de chaux et de sulfate de soude.

Nous ne pouvons entrer ici dans le détail des différents

traitements auxquels le Dr Schunck soumit le précipité tiré
de la lessive alcaline; nous renvoyons ceux de nos lecteurs
que cette étude laborieuse pourrait intéresser à la notice
publiée par l'éminent chimiste. Nous nous bornerons seulement à donner une courte description de la composition
et des propriétés des différentes substances qu'il a extraites
du coton.

La première et la plus curieuse est celle que le Dr Schunck
a désignée sous le nom de « cotton-wax » ou « cire du coton »,
à cause de sa ressemblance, pour ne pas dire son identité,
avec des cires végétales telles que la cérosine, obtenue par
Avequin de la canne à sucre, et encore la cire de Carnàuba,
extraite des feuilles d'un palmier du nord du Brésil, le Co-
rypha Cerifera.

La cire du coton est insoluble dans l'eau, mais soluble
dans l'alcool et dans l'éther. Si on en dissout jusqu'à satu-
ration dans l'alcool bouillant et qu'on refroidisse, la plus
grande partie de cette substance se dépose et la partie
liquide prend l'apparence d'une gelée blanche, épaisse
comme la pâte d'amidon. Au microscope, elle paraît
formée de petites aiguilles en suspension dans la liqueur
alcoolique. La masse, passée au filtre et séchée, diminue
considérablement de volume, et se transforme en un gâteau
solide et plus léger que l'eau, ne se pétrissant pas sous
les doigts comme d'autres cires. Chauffée dans un tube
capillaire, elle fond à 86° C en un liquide transparent qui
se solidifie de nouveau à 81° C. Elle donne en brûlant une
flamme légère, une odeur de gras brûlé et ne laisse pas de
cendres. La cire du coton pure est insoluble dans les alcalis
caustiques, et il est par conséquent difficile de se rendre
compte de sa présence dans les produits extraits du coton
par la lessive caustique, à moins qu'elle n'existe originai-

rement non pas dans la fibre, mais à sa surface, et qu'elle soit simplement fondue, ou détachée mécaniquement par l'action du liquide bouillant. C'est, du reste, l'opinion du Dr Schunck, qui considère la cire du coton comme formant à la surface de la fibre une couche mince, semblable à celle qui recouvre certaines feuilles ou certains fruits, et qui permet d'expliquer le peu de facilité avec laquelle le coton se laisse pénétrer par l'eau. La présence de la cire sur le coton explique encore plusieurs particularités souvent remarquées dans le travail de la filature.

Chacun sait que, dans les salles de filature, une certaine température est nécessaire au travail du coton, et que, pendant l'hiver notamment, si les ateliers n'étaient chauffés au moyen de la vapeur, le coton deviendrait presque impossible à filer convenablement. La cause en est bien simple : à mesure que la température baisse, la cire qui recouvre le coton se dessèche, durcit, empêche l'allongement des fibres et leur étirage ; si la température s'élève, au contraire, la cire s'amollit, les fibres s'assouplissent et se prêtent d'autant mieux au travail. Aussi, plus fins sont les numéros de fil que l'on désire obtenir, et plus élevée doit être la température des ateliers.

Une autre considération pratique vient encore confirmer la présence d'une matière grasse sur les fibres du coton. C'est un fait d'expérience que les cotons de la nouvelle récolte, c'est-à-dire ceux qui viennent d'être récoltés, se travaillent mieux et font moins de déchet que les cotons plus anciens. Cela tient à ce qu'avec le temps, les parties volatiles de la cire ont disparu ; le reste s'est épaissi, laissant la fibre plus raide et plus dure, et, par conséquent, moins facile à travailler.

Enfin, l'on a observé que le filé se travaille mieux dans

les opérations subséquentes du tissage ou de la bonneterie,
lorsqu'il n'est pas employé aussitôt après la filature. Il faut
au contraire, pour l'employer avec tout avantage, le laisser
reposer quelque temps en magasin. Les fils simples et peu
tordus peuvent se contenter d'un séjour dans un magasin
humide, mais les filés plus tordus pour chaîne réclament,
en outre, un passage dans la vapeur à haute pression; après
quoi, on doit les laisser également reposer. Ces précautions
ont pour but de fixer la torsion du fil, en laissant à la cire
du coton le temps de se durcir, et de maintenir ainsi chacune des fibres dans la position que leur a donnée, à la filature, l'étirage de la mèche et sa torsion, position qu'elles
doivent conserver dans le filé, pour que celui-ci soit le plus
fort et le plus résistant possible.

Outre la cire du coton, le précipité du Dr Schunck
contient aussi un acide gras appartenant à la série des
acides margarique et palmitique, et dont la présence dans
le coton reste encore inexpliquée. Cet acide doit-il être
considéré comme l'un des éléments constitutifs du coton?
Est-ce, au contraire, un corps étranger introduit dans le
coton après la cueillette? Est-ce, par exemple, une partie
de l'huile des graines qui, au moment de l'égrenage, où la
fibre est arrachée de la graine, remplit encore une partie
de la cavité centrale, y reste à l'état oléagineux, et se
transforme en acide gras, sous l'influence de la lessive
alcaline, dans la préparation que nous avons décrite? La
chose est possible ; en tous cas, toutes les expériences faites
soit avec le coton de l'Inde, soit avec le coton d'Amérique,
ont démontré la présence d'un acide gras, sous la forme
d'une masse blanche, composée d'aiguilles microscopiques
disposées en sphère.

Cet acide gras, dont la formule $C^{17} H^{34} O^2$ est identique à celle de l'acide margarique, fond à 55° 5 C et se solidifie de nouveau à 50° 5 C. Il se dissout rapidement dans l'alcool et l'éther, et sa solution rougit légèrement le papier de tournesol.

Le Dr Schunck a encore découvert dans le coton deux matières colorantes, qu'il distingue par les lettres A et B. Elles se ressemblent dans la plupart de leurs propriétés, mais se différencient l'une de l'autre par leur solubilité plus ou moins grande dans l'alcool ; la matière colorante A étant facilement soluble dans l'alcool à froid, et la matière colorante B n'étant guère soluble que dans l'alcool bouillant. Elles contiennent toutes deux une faible proportion d'azote, mais comme les chiffres indiquant leur composition varient avec chaque expérience, il est permis de supposer que ces différences viennent de la difficulté de se procurer un corps résineux incristallisable dans un état de pureté parfaite, et qu'autrement, ces deux matières ne sont qu'une seule et même substance dans deux états différents.

Au point de vue de leurs propriétés chimiques, ces deux matières colorantes offrent peu d'intérêt ; mais c'est d'elles que le coton tire sa teinte plus ou moins foncée, et souvent beurrée. La nuance rouge des « Cocanadah » et des autres variétés de coton nankin est due sans doute à un excès de cet endochrome dans la fibre.

Ce n'est pas tout ; dans le précipité dont nous avons parlé, et obtenu de la lessive alcaline au moyen de l'acide, le Dr Schunck a trouvé un acide soluble dans l'eau, et dont la composition paraît identique à celle de l'acide parapectique de Fremy, soit :

$$
\left.\begin{array}{rr}
C & -\ 41.67 \\
H & -\ \ 4.97 \\
O & -\ 53.36
\end{array}\right\}\ 100.00
$$

La présence de la pectine dans le coton n'a rien de surprenant, puisqu'elle est l'un des éléments constitutifs de diverses parties des plantes, et que celles-ci, d'après Fremy, contiennent toujours un corps insoluble dans l'eau qu'il appelle pectose, et qui, par l'action des acides, des alcalis et de divers ferments se convertit en pectine, puis en acide pectique et ses composés.

La pectine, dans le coton, est-elle un dérivé de la cellulose, par décomposition, ou ses principes servent-ils, au contraire, au travail de formation de la cellulose? C'est ce que nous ne saurions dire. En tous cas, après la cellulose et l'eau, ce sont les dérivés de la pectine qui forment l'élément constitutif le plus considérable du coton, et telle en est même l'importance que le Dr Schunck attribue la perte en poids subie par le coton au blanchîment, perte qui s'élève jusqu'à 5 pour cent, à la transformation, par suite des opérations du blanchiment, de la pectine en acide parapectique ou métapectique, ces deux substances étant très solubles dans l'eau, et ne formant pas de précipité sous l'action des acides concentrés.

Enfin, Fremy avait remarqué que l'acide pectique des plantes est toujours accompagné d'une petite quantité de substance albumineuse. Le Dr Schunck a confirmé cette opinion en ce qui regarde le coton; craignant de ne pouvoir obtenir directement, par l'analyse, et chimiquement pure, une substance de cette nature, il a cherché, en faisant agir un alcali caustique sur l'acide pectique impur du coton, à obtenir un des produits de la décomposition de l'albumine, produits dont quelques-uns possèdent des propriétés caractéristiques. C'est ainsi qu'après diverses opérations, il obtint, sous forme d'aiguilles blanches cristallines, une substance identique à la tyrosine. Or, la tyrosine ne se produisant que par la décomposition de l'albumine et des corps de la même classe, il en conclut que le coton contient une petite quantité d'une matière albumineuse.

Dans leur ouvrage si intéressant sur les apprêts des tissus, MM. Davis, Dreyfus et Holland disent qu'après avoir soumis plusieurs variétés de coton au procédé de Wanklynn pour le dosage des parties infinitésimales d'azote, ils ont obtenu, comme quantité moyenne de ce corps dans le coton, 0,0345 pour cent :

Coton d'Amérique	0.030	pour cent
— Sea Island	0.034	—
— Bengale	0.039	—
— Pérou (Rough)	0.033	—
— Jumel blanc	0.029	—
— très beurré	0.042	—

Ils ne considèrent pas toutefois que cette proportion, déjà si minime, existe dans les fibres à l'état libre et indépendant des autres substances; ils supposent, au contraire, qu'elle fait partie de la matière albumineuse trouvée par le Dr Schunck. D'après M. Bowman, la présence de l'azote est due probablement à de petites parties de protoplasma, composé azoté qui remplissait les cellules pendant la végétation et qui est resté enfermé dans la fibre sans y subir de changement, lorsque la végétation s'est trouvée arrêtée par la cueillette du coton ; elle est due encore, dans quelques cas, à la présence de petites quantités de nitrates associés aux autres substances minérales.

Les analyses de la cendre du coton, sur lesquelles nous allons revenir, démontrent en effet qu'en plus des éléments indiqués ci-dessus, le coton renferme une certaine quantité de substances minérales, dont les unes sont solubles et les autres insolubles dans l'eau ; de sorte que, si nous récapitulons les divers éléments que nous avons trouvés dans le coton, nous voyons que celui-ci se compose, en suivant leur ordre d'importance :

1° De cellulose ;

2° D'eau de constitution ;

3° De pectine et de ses dérivés ;

4° D'endochrome ;

5° De cire ;

6° D'acide gras :

7° De matière albumineuse ;

8° De matières minérales.

La nature et la quantité de ces dernières sont déterminées par l'analyse des cendres du coton.

La première analyse, qui date de 1825, fut faite par le Dr Ure, sur un échantillon de « Sea-1sland » nettoyé et cardé avec soin. 2,000 gr. de ce coton, mis dans une cornue d'argent, y furent brûlés lentement, et le résidu fut soumis à la chaleur rouge, afin de consumer tout le charbon. Sur six expériences, le Dr Ure obtint, en moyenne, 19 gr. de cendre grise, soit environ 1 pour cent du coton en laine.

L'analyse de cette cendre a donné :

Carbonate de potasse	44.8	
Chlorate — —	9.9	solubles dans l'eau
Sulfate — —	9.3	
Phosphate de chaux	9.	
Carbonate	10.6	
Phosphate de magnésie	8.4	insolubles dans l'eau
Peroxyde de fer	3	
Traces d'alumine, et perte	5	
	100.00	

L'analyse suivante, fournie par le chimiste du gouvernement américain, à Baltimore, date de 1854, et porte, comme la précédente, sur du « Sea-Island ».

Potasse	35.26	Acide silicique	0.26
Soude	5.11	— phosphorique	5.42
Chaux	16.73	— sulfurique	3.53
Magnésie	9.47	— carbonique	15.55
Peroxyde de fer	2.07	— chlore	6.60
			100.00

L'analyse suivante est due également à un chimiste américain, M. Shephard, et porte sur du coton Louisiane. Cent parties en poids de coton, en laine, furent mises dans un creuset en platine et chauffées jusqu'à ce que le coton cessât de dégager le moindre éclat en se consumant; il perdit ainsi 86,09 parties. Le résidu, qui avait encore la forme de fibres, fut soumis à la chaleur rouge pour détruire tout le carbone et perdit encore 12,985 pour cent en laissant une cendre blanche, qui ne représentait plus que 0,9247 pour cent. De cette cendre, il fallut déduire 12,88 pour cent de matières siliceuses, poussière et sable dont le coton se couvre sur la plante ou après la cueillette, et, cette déduction faite, l'analyse de la cendre a donné :

Carbonate de potasse, avec traces possibles de soude	44.19
Phosphate de chaux, avec traces de magnésie	25.44
Carbonate de chaux	8.87
— magnésie	6.85
Silice	4.12
Alumine (accidentelle?)	1.40
Sulfate de potasse	2.70
Chlorate de potasse	
— magnésie	
Sulfate de chaux	6.43
Phosphate de potasse, trace d'oxyde de fer et perte	
	100.00

C'est de cette analyse, sans doute, que les détails furent

communiqués par M. Landon, de Broach, au Dr F. Royle,
que celui-ci a publiés dans sa *Culture du coton aux Indes*,
et que M. Walter R. Cassels a reproduits dans son livre de
la *Culture du coton dans la présidence de Bombay*.

Nous trouvons enfin dans le grand ouvrage de M. Evan
Leigh le résultat suivant d'analyses faites par le Dr Crace
Calvert sur sept échantillons de provenances différentes et
cardés. Une partie du coton fut d'abord plongée pendant
plusieurs heures dans l'eau distillée, et celle-ci, soigneusement analysée, donna des traces de magnésie et d'acide
phosphorique. Le coton ayant été ensuite soigneusement
séché et calciné avec un peu de carbonate de soude et de
nitrate de potasse, l'on obtint :

Pour 100 grammes de coton d'Egypte		0.55	P² O⁵
—	— Louisiane	0.49	—
—	— Bengale	0.55	—
—	— Surat	0.27	—
—	— Carthagène	0.35	—
—	— Macco	0.50	—
—	— Chypre	0.50	—

Nous ne pouvons que regretter, avec le *Textile Manufacturer*, que les détails complets de cette analyse n'aient
pas été publiés.

Nous terminons enfin par les recherches plus récentes
de MM. Davis, Dreyfus, Holland, auxquels nous devons les
chiffres suivants :

Pourcentage de matières minérales et de sable trouvé
dans le coton pris sur les balles, à leur arrivée à Liverpool :

Saw-ginned Dharwar	4.16
Dhollerah	6.22
Sea-Island	1.25
Pérou doux	1.68

Pérou dur	1.15
Bengale	3.98
Saw-ginned Broach	3.14
Oomraw	2.52
Jumel blanc	1.73
— très beurré	1.19
Pernam	1.60
Amérique	1.52

L'échantillon de « Dhollerah » était très sale et très chargé de sable, et l'on peut attribuer un excès moyen d'un pour cent de cendres à ce sable et au carbonate de chaux qui se trouvent ensuite enlevés aux machines de filature.

Après avoir pris sur les balles 10 grammes de chacun des cotons ci-dessus et les avoir brûlés à une aussi basse température que possible, pour les réduire en une cendre blanche, les savants chimistes mêlèrent ces cendres, et, déduction faite du sable, en déterminèrent la composition comme suit :

Carbonate de potasse	33.22	Phosphate de magnésie	8.73
Chlorate	10.21	Carbonate —	7.81
Sulfate	13.02	Carbonate de chaux	20.26
Carbonate de soude	3.55	Peroxyde de fer	3.40
			100.00

Légende.

La planche IV représente les différentes formes que peut prendre le coton sous l'action des réactifs.

Fig. 19. — Fibre de Jumel traitée par la potasse et l'acide sulfurique offrant le même aspect que le coton sauvage de la figure 9. Gross. $\frac{1}{200}$.

Fig. 20. — Fibre de Sea-Island désagrégée en un nombre considérable de fibrilles cylindriques isolées et s'entrecroisant les unes les autres Gross. $\frac{1}{200}$.

Fig. 21. — Fibre de Sea-Island, traitée par la potasse caustique et ayant pris l'aspect ligneux de la fibre de la fig. 14. Gross. $\frac{1}{200}$.

Fig. 22. — Fibre de Sea-Island, déchirée et entrouverte, montrant les fibrilles qui semblent constituer la paroi de la fibre. Gross. $\frac{1}{200}$.

Fig. 23. — Contournements du coton sous l'action de la potasse caustique. Gross. $\frac{1}{200}$.

Fig. 24. — Autre forme de l'action de la potasse caustique ; contournements et vrillage énergiques, étranglements donnant au coton l'aspect d'un chapelet. Gross. $\frac{1}{200}$.

Fig. 26. — Ces étranglements sont encore plus accentués sous l'action de l'ammoniure de cuivre. En même temps que la fibre se dilate d'une manière extraordinaire, comme on le remarque par la différence des diamètres, l'on voit les extrémités se dissoudre peu à peu dans la liqueur, ne montrant plus que les anneaux détachés de la cuticule, et qui disparaissent à leur tour.

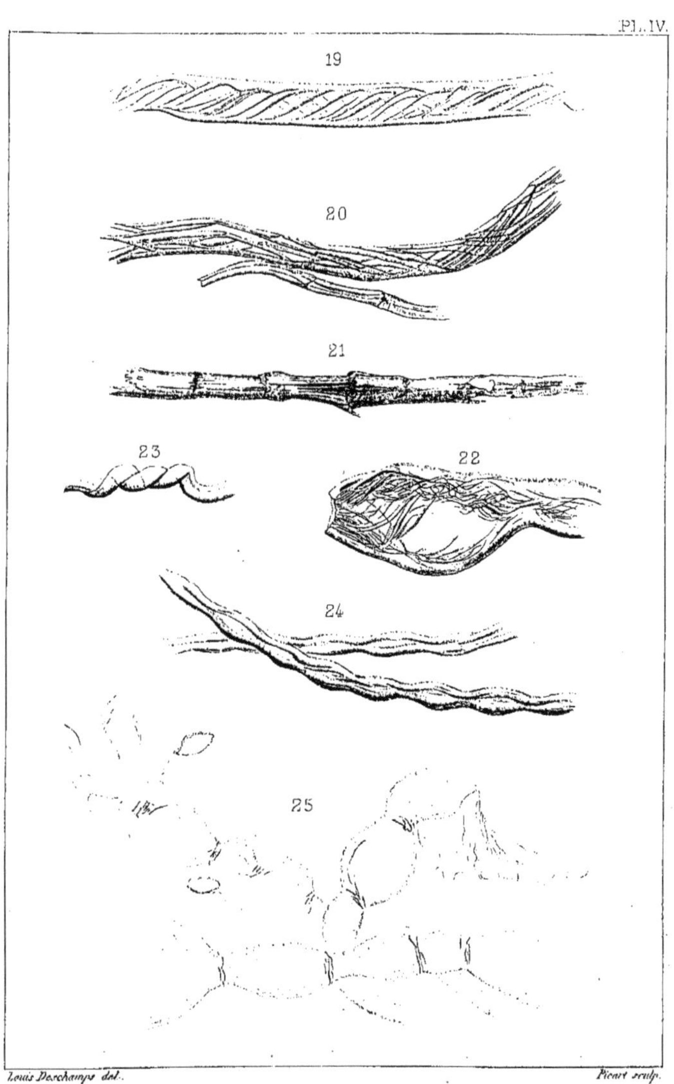

ACTION DES RÉACTIFS SUR LA FIBRE

Imp. R. Fanour, Paris.

DE L'ÉTUDE MICROGRAPHIQUE

DE LA FIBRE.

Le microscope, de même que le dévidoir, la romaine
micrométrique et les autres appareils de ce genre, doit se
trouver dans le bureau de tout industriel soucieux de connaître la matière première qu'il emploie, l'aliment de son
travail. Il n'est pas seulement indispensable pour connaître
la structure des fibres et leur constitution intime, il l'est
encore pour se rendre compte de leur nature, de leurs
qualités principales et de leurs variations. Nous avons vu
que le coton est, suivant les saisons, plus ou moins mûr ;
suivant les provenances, plus ou moins fin et brillant;
suivant les échantillons, plus ou moins homogène : ces
différences ne se peuvent découvrir à l'œil, et le microscope
seul aide à les distinguer facilement. Il aide encore à reconnaître si la fibre n'a pas eu à souffrir de telle ou telle partie
des opérations mécaniques de la filature, si elle n'est pas
altérée par telle ou telle partie des traitements chimiques
de la teinture et de l'impression; il permet donc à l'industriel de travailler non plus à tâtons ou suivant une routine
irraisonnée, mais de faire concorder, au contraire, ses
procédés de travail avec la connaissance qu'il a de la

matière première, et de les proportionner aux effets qu'il peut observer à tout moment sur la fibre elle-même.

Nous n'avons pas la prétention de donner ici un cours de micrographie. Les détails les plus complets et les conseils les plus sages sont consignés dans des ouvrages spéciaux dont nous ne saurions trop recommander la lecture, comme les *Leçons sur les matières premières* du docteur Pennetier, et les *Etudes sur les Fibres végétales textiles*, de M. Vétillart. Nous nous bornerons ici à quelques indications complémentaires sur l'emploi du microscope, tel que nous le comprenons, pour l'étude particulière des fibres du coton.

Les personnes peu familiarisées avec le microscope s'imaginent volontiers que son plus grand mérite est son pouvoir amplifiant, et que l'on observera d'autant mieux une fibre de coton, par exemple, que le grossissement de l'appareil sera plus élevé; c'est là une erreur. La clarté des objectifs, la netteté avec laquelle ils représentent les contours des objets sans les déformer, et font pénétrer l'œil jusque dans les détails les plus profonds; voilà l'important. Quant au pouvoir amplifiant, qu'importe qu'il soit de 50, de 100 ou de 500 diamètres, pourvu que, ce que l'observateur voit, il le voie bien nettement et exactement conforme à la vérité.

Le grossissement doit varier, du reste, suivant la nature des recherches. Si c'est la structure de la fibre que l'on étudie, les grossissements les plus élevés ne sont pas indispensables, mais peuvent devenir utiles; si c'est, au contraire, l'ensemble des qualités d'un échantillon, sa maturité, son homogénéité, un grossissement de 80 à 150 diamètres est suffisant. Et notons que ce faible grossissement, en facilitant la promptitude de l'examen, le rend absolument pratique et industriel. Dans ce cas, en effet, l'examen est bien simple. Sur une lame de verre, l'on verse quelques gouttes d'eau glycérinée (eau distillée, deux parties ; glycérine de Price, une partie ; acide acétique, quelques gouttes) ; l'on y plonge une mince pincée de fibres de façon à ce qu'elles soient bien mouillées et qu'il ne reste plus de bulles d'air attachées à la surface, puis l'on recouvre d'une lamelle, et la préparation est prête pour l'examen. Avec l'habitude, un coup d'œil jeté dans le microscope suffit pour apprécier la finesse des fibres, leur régularité et leur maturité plus ou moins grandes. Cet examen est si court et peut donner des résultats si utiles que nous comprendrions difficilement qu'il n'entre pas dans la pratique industrielle. Le microscope n'est plus là l'instrument d'étude d'un maniement délicat et minutieux, demandant une longue initiation, beaucoup de patience et de persévérance ; c'est l'appareil le plus simple possible, facile à transporter çà et là, et ne comprenant qu'un objectif et un oculaire, de manière à juger invariablement tous les échantillons, avec la même unité de grossissement, de définition et de pénétration.

La question du milieu dans lequel doit être examiné le coton n'est pas sans importance, puisque, suivant la nature de ce milieu, les objets examinés sont vus ou conformes à la réalité ou différents. Cela tient à la réfraction que subissent les rayons lumineux en passant de l'air dans le verre, puis dans le milieu, puis à travers l'objet, puis de nouveau dans le milieu, le verre et l'air, pour arriver enfin à l'objectif. La lumière passe ainsi d'un milieu moins réfringent dans un milieu plus réfringent, qui est le liquide ambiant, puis à travers les fibres ; elle est donc réfractée en raison de l'indice de réfraction de la fibre par rapport à celui du milieu dans lequel elle est plongée. Une courte explication fera mieux saisir ce que nous avançons.

Si l'on prend deux éprouvettes, et que l'on verse, dans l'une, de l'eau, et, dans l'autre, du baume de Canada, puis, que l'on plonge dans chacune de ces deux éprouvettes une baguette de verre, celle-ci sera très visible dans la première et presque invisible dans la seconde. Cela est dû à la différence entre l'indice du verre (1,538), l'indice de l'eau (1,336), et celui du baume de Canada (1,528). Les contours des objets sont donc d'autant plus accentués que leur indice de réfraction est plus éloigné de celui du liquide dans lequel ils sont plongés.

Voilà pourquoi l'indice de réfraction du coton étant peu différent de celui du baume de Canada, ce liquide ne doit jamais être employé comme milieu. Lors donc qu'on s'en sert, comme certains micrographes ont été tentés de le faire, les veines, les stries, les inégalités de la surface disparaissent, même avec un grossissement élevé, et les caractères particuliers que l'on pourrait observer sur les cotons de certaines provenances sont entièrement perdus. C'est ainsi que M. Bauer, le premier artiste qui ait représenté la fibre de coton vue au microscope, en a fait un ruban plat, ourlé de chaque côté par deux cordes parfaitement cylindriques.

La mise au point et l'éclairage ont aussi une importance très grande. Les fibres de coton ont une épaisseur sensible, et si la préparation en contient un certain nombre, il est bien rare qu'elles soient toutes sur le même plan ; elles sont au contraire plus ou moins enchevêtrées, entrecroisées, et par conséquent dans des plans différents. Or, comme tout bon objectif, même faible, ne donne d'une manière nette que les détails situés dans un plan très mince, presque mathématique, il s'en suit que, pour bien voir la fibre dans toute son épaisseur, et, encore plus, pour voir les fibres situées dans les plans successifs, et par là se rendre compte des différences à observer dans la masse, il faut varier la hauteur de l'objectif, en tenant constamment la main sur la tête de la vis micrométrique, pour hausser ou baisser de quantités minimes. Grâce à ces sondages répétés, l'on observe la préparation dans toute sa profondeur.

Il convient aussi de varier l'éclairage, en faisant tourner le miroir en tous sens de manière à obtenir par le jeu de la lumière le relief des fibres et à découvrir en même temps des détails de structure qui resteraient invisibles, si une direction favorable des rayons lumineux ne venait les révéler. Une lumière abondante est nuisible, et, à ce titre, nous engageons à éviter l'exposition au midi. En effet, dès que les rayons solaires viennent frapper, même indirectement, le miroir du microscope, il se produit sur les fibres, et en particulier aux bords, des irisations qui en dénaturent complètement l'aspect et seraient la source de nombreuses erreurs. L'exposition au nord, dans un appartement bien éclairé, est celle qui, à notre sens du moins, est préférable.

Lorsque l'examen microscopique porte sur la structure même de la fibre, il ne suffit pas de l'examiner dans sa longueur, d'en observer la forme, les vrilles, les érosions de la surface, les extrémités, le diamètre, il faut encore l'examiner en coupe et dans son épaisseur. Les coupes du coton ne sont pas faciles à bien réussir ; les procédés à employer sont décrits dans les ouvrages que nous avons cités plus haut ; lorsque le temps manque ou l'habileté de main, le plus simple est de les demander à des artistes exercés comme MM. Bourgogne et autres, à Paris. En tous cas, l'étude des coupes de fibres est indispensable à cause de leur forme caractéristique, qui permet de reconnaître le coton à première vue dans la composition d'un tissu où il est mélangé à d'autres matières textiles. Ces coupes sont toujours isolées ; on ne les trouve jamais en groupes, ni rattachées les unes aux autres par un lien quelconque. Leurs formes arrondies et allongées sont souvent repliées sur elles-mêmes vers les extrémités, ce qui leur donne l'aspect d'un rognon ou d'un haricot ; d'autres sont contournées en S.

Ajoutons que la vue des coupes confirme ce que nous avons dit sur la structure tubulaire du coton, à parois minces, affaissées sur elles-mêmes et d'une épaisseur sensiblement égale à chaque point. La surépaisseur que l'on croit remarquer sur les deux bords de la fibre est donc très probablement l'effet d'une illusion d'optique, comme l'explique la figure ci-dessous :

A ces divers modes d'observation, il y a encore lieu de joindre l'examen du coton à la lumière polarisée. Le coton jouit, en effet, avec d'autres fibres textiles, de la propriété de dépolariser la lumière polarisée, et cette particularité est précieuse dans le cas d'examen de la composition d'un tissu. D'après des recherches récentes, la solution de coton, ou mieux de cellulose, dans la liqueur d'ammoniure de cuivre, dévie fortement à gauche le plan de polarisation.

Tout examen microscopique complet comprend en même temps l'examen micro-chimique, c'est-à-dire l'étude de l'action des réactifs sur l'objet examiné.

Les principaux réactifs employés pour les fibres textiles

sont : l'acide azotique, le chlorure de zinc et le protoxyde
de mercure, qui sont sans action apparente sur le coton ; le
bichlorure d'étain anhydre, qui colore les fibres en noir, et
la fuchsine, qui leur donne une coloration rouge disparais-
sant au contact de l'ammoniaque.

La potasse et la soude caustiques gonflent sensiblement
le coton et lui donnent un aspect arrondi, interrompu, par
places, par une sorte de contraction de la fibre, comme le
montrent les *fig.* 23-24, *pl.* IV. Elles font parfois apparaître
légèrement les fibrilles ou membranes des couches d'accroissement. L'acide sulfurique concentré dissout le coton ;
mais, étendu d'eau ou de glycérine, son action de désorganisation devient plus lente, les fibrilles dont nous venons
de parler deviennent nettement visibles, et surtout avec un
grossissement considérable de la fibre, lorsqu'on soumet
celle-ci à l'action successive de la potasse et de l'acide,
fig. 22, *pl.* IV.

L'acide hypochloreux, l'acide chromique et le permàn-
ganate acidifié oxydent le coton d'une manière différente de
l'oxydation produite par l'acide sulfurique. Cette double
modification de la cellulose, indiquée par M. Vétillart, se
reconnaît à l'action sur le coton de l'iode et de l'acide
sulfurique, combinés avec la potasse.

Lorsque le coton est à l'état naturel, c'est-à-dire lorsqu'il
n'a subi aucun traitement chimique, il jaunit par l'iode,
puis bleuit par l'acide sulfurique ; au milieu de la coloration bleue subsistent des plaques d'un jaune brun qui semblent adhérer à la surface de la fibre. M. Vétillart parle
encore de granulations jaunes et brunes qui tapisseraient
l'intérieur de la cavité centrale ; cette matière grenue peut
être due à un dépôt quelconque des réactifs, et nous ne
supposons pas que l'auteur ait voulu la représenter comme

partie intégrante de la fibre à l'état naturel. Enfin, les couleurs que donne le coton mûr et bien formé par la polarisation sont d'un ordre très élevé et d'autant plus instables.

Lorsque le coton a été oxydé, au contraire, par le contact avec un réactif quelconque, il bleuit par l'iode, puis se décolore par l'acide sulfurique; mais les fibres, étant généralement gonflées et plus ou moins altérées, perdent de leur transparence, et tout en polarisant la lumière, comme le coton naturel, donnent des couleurs souvent moins intenses et plus stables.

Le coton se comporte donc différemment, en présence de l'iode, selon qu'il a été oxydé ou non. Or, quand l'oxydation est due aux acides hypochloreux et chromique et au permanganate, il ne se colore que très faiblement sous l'action de l'iode; il se colore, au contraire, très nettement et très franchement, si, avant de soumettre les fibres aux acides, on les a traitées préalablement par une dissolution de potasse caustique. L'oxydation du coton est-elle due à l'acide sulfurique, alors, que l'on fasse agir les réactifs avant ou après la potasse caustique, ils produisent une coloration nulle.

Dans l'examen des cotons travaillés, il y aurait donc lieu de tenir compte de l'influence de la potasse caustique sur la coloration donnée par les réactifs; mais nous devons ajouter que les caractères signalés ci-dessus demandent à être confirmés par des études plus nombreuses, avant de pouvoir être présentés comme lois.

L'ammoniure de cuivre est peut-être de tous les réactifs celui qui agit sur le coton de la manière la plus curieuse. La découverte en est due au professeur Schweitzer, de Zurich, et sa propriété principale est de dissoudre la cellulose. L'ammoniure de cuivre s'obtient en faisant dissoudre dans l'ammoniaque soit de la tournure de cuivre, soit de l'hyposulfate basique de cuivre; il se forme ainsi un hyposulfate double de cuivre et d'ammoniaque qui dépose en cristaux, et le liquide surnageant est l'oxyde de cuprammonium ou ammoniure de cuivre, dont la formule est $2\,Az\,H^3,\ Cu\,O$.

Lorsqu'on fait agir l'ammoniure de cuivre sur le coton, ce dernier s'agglutine, devient gommeux et gluant, et finit peu à peu par se dissoudre complètement; la solution obtenue ainsi et étendue d'eau est facile à filtrer. On la sursature ensuite d'acide chlorhydrique; le sel cuivrique est décomposé en chlorures de cuivre et d'ammoniaque, et le coton forme un précipité très volumineux, semblable à l'hydrate d'alumine. Cette substance est de la cellulose désorganisée, mais dont la composition chimique n'a pas varié. Mise en suspension dans l'eau, débarrassée des sels étrangers par le lavage, et additionnée d'iodure de potassium et d'eau de chlore, elle donne une coloration brune qui prouve bien qu'il n'y existe point de substance amylacée, et que la cellulose seule s'est dissoute dans le liquide; enfin, séché au bain-marie, le précipité gélatineux s'agglomère, et l'on obtient une masse cornée, semblable à de l'empois desséché, qui brûle sans résidu.

L'ammoniure de cuivre dissout donc le coton et le dissout sans le dénaturer; c'est le seul liquide connu qui jouisse de cette propriété. La façon dont s'opère la décomposition peut être examinée au microscope et est des plus intéressantes. Les fibres étant disposées sur le porte-objet et recouvertes à sec d'une lamelle, l'on dépose sur le bord de celle-ci deux ou trois gouttes du liquide bleu, qui pénètrent aussitôt sous la lamelle et entourent les fibres. Le coton se tortille immédiatement, gonfle à vue d'œil, non pas régulièrement, mais par fractions, de sorte que la fibre ressemble plus à un chapelet de cervelas qu'à toute autre chose.

La membrane extérieure est alors déchirée en fragments, et, après quelque temps, flotte dans le liquide ammoniacal sous forme d'anneaux; l'épaisseur même de la fibre disparaît peu à peu jusqu'à ce que la couche la plus interne de la paroi se dissolve à son tour, ne laissant dans le liquide que la masse gélatineuse dont nous parlions plus haut.

Ce phénomène, qui n'est pas sans avoir une certaine importance au point de vue de l'étude de la structure du coton, a été décrit dans les colonnes du *Textile manufacturer* et reproduit dans le récent ouvrage de M. R. Marsden, d'une manière qui nous paraît laisser à désirer, et nous craindrions que les représentations de la fibre semblables à celle donnée par l'auteur ne prêtassent à une conception erronée de la structure du coton. L'auteur s'appuie beaucoup sur la puissance de son microscope, grossissant, dit-il, de 1,600 diamètres, ce qui nous paraît insuffisant pour justifier des assertions quelconques, puisqu'il est aussi facile, et plus facile même, de se tromper avec un grossissement exagéré qu'avec un grossissement moyen. Nous considérons, en particulier, que les fibrilles représentées par l'auteur comme nouées autour de la fibre, à intervalles irréguliers, n'existent ni originairement dans le coton naturel, ni par l'effet du réactif dans le coton en dissolution, mais proviennent d'une illusion d'optique, de même que les fibrilles longitudinales, telles qu'elles sont dessinées, du moins. Les observations de MM. O'Neill et Walter Crum, bien qu'incomplètes, peut-être, nous paraissent approcher davantage de la vérité; quant aux nôtres propres, nous les avons représentées d'une manière aussi exacte que possible dans la *fig.* 25, *pl.* IV.

Il nous reste à dire un mot sur la microchimie des cotons teints et sur les réactions que donnent la plupart des couleurs appliquées ordinairement au coton. Nous empruntons le tableau suivant à l'ouvrage du docteur R. Schlesinger, dont il forme l'une des parties les plus intéressantes.

TEINTURES	COULEUR À L'ŒIL NU	COULEUR AU MICROSCOPE	RÉACTIFS — IODE	RÉACTIFS — ACIDE CHROMIQUE	ACIDE SULFURIQUE ÉTENDU	LESSIVE DE SOUDE	AMMONIURE DE CUIVRE
Couleurs d'aniline	Dahlia M	violet	jaune-orange	violet clair	se décolore	violet clair ou jaune	jaune clair
» »	bleu magnifique	bleu clair	vert sale	jaune clair	jaune clair	rose jaunâtre	rose jaunâtre
» »	vert à l'iode	vert clair	orange	vert clair	vert jaune clair	vert jaune clair	verdâtre
» »	jaune d'aniline	jaune	jaune orange	jaune clair	se décolore	jaune très clair	violet clair
» »	orange à l'iode	jaune paille	brun clair sale	jaune paille	se décolore	jaune paille	jaune verdâtre
» »	brun nouveau	jaune et brun	orange	jaune paille	jaune clair	jaune clair	jaune
» »	marron	rouge vineux	brun clair sale	rose sale	rose sale	se décolore et passe au jaune clair	jaune-rouge
» »	safranine	rose clair	rouge orange clair	jaune clair	jaune clair	rose jaunâtre	rose jaunâtre
» »	fuschiné diamant	violet-rouge	orange	violet clair	se décolore	violet clair	se décolore
Couleurs-vapeur (usitées en Angleterre)	violet	violet clair	jaune pâle	se décolore	se décolore	se décolore	se décolore
» »	gris	gris	gris	gris	gris	gris	gris
» »	bleu foncé	bleu foncé	vert bleu foncé	bleu clair	bleu clair	se décolore	bleu foncé
» »	bleu clair	bleu	vert bleu sale	vert bleu	se décolore	se décolore	bleu clair
» »	vert	vert jaune	jaune	vert jaune	vert jaune	jaune d'or	jaune clair
» »	orange-jaune	jaune	orange	jaune	jaune	jaune	jaune verdâtre
» »	brun clair	brun clair à peine sensible	jaune pâle	jaune clair	brun clair à peine sensible	jaune pâle	se décolore
» »	brun	brun clair	jaune	se décolore	d'abord rose, puis rose très clair	se décolore	se décolore
» »	rose	rose très clair	orange	jaune clair	rose très clair	se décolore	se décolore
» »	rouge	rose	rouge	jaune	rose clair	se décolore et passe au violet clair	violet
Couleurs de garance (alizar. nat. et artif. teint au laboratoire avec une matière brute)	violet	violet clair	jaune	se décolore	se décolore et devient jaune pâle	violet	violet
» »	brun rouge	rouge clair vineux	rose	jaune rouge	orange	rose	violet
» »	rouge clair	rose	brun rouge	se décolore et devient rose	se décolore	rose	rouge
Garancine (des fabriques alsaciennes de Kopp)	rouge foncé	rouge	rose				
	rouge	rouge	orange-rouge	rouge-jaune	jaune	rose jaunâtre	rouge
Couleurs de garance ordinaires (des fabriques de Mulhouse)	chocolat	violet	jaune clair	rouge clair	rose	rose	violet rouge
» »	violet	violet clair	jaune	jaune clair	se décolore et devient jaunâtre	violet	violet
» »	brun rouge	violet rouge	jaune rouge	jaune	se décolore et devient jaunâtre	se décolore faiblement	se décolore très faiblement
» »	rose	rose clair	jaunâtre	se décolore très faiblement	se décolore et devient rose-jaune	rose	rose clair
» »	rouge	rouge vineux	rouge	jaunâtre	se décolore	rose clair	se décolore lentement et devient rose
Rouge turc (des fabriques alsaciennes de Kopp)	rouge	rose et rouge	orange	rose	rose	rouge	rouge
Carthame (teint au laboratoire de Zurich)	rose	rose	brun rouge	rouge	rose clair	se décolore	orange sale
Bois jaune, flavin ou quercitron (teint au laboratoire de Zurich)	jaune	jaune clair	jaune clair	jaune clair	jaune clair	jaune clair	jaune clair
» »	brun	jaune foncé	jaune sale	jaune	jaune clair	jaune	jaune sale
Graines d'Avignon (teint au laboratoire de Zurich)	jaune bleu	jaune clair	vert jaune ou violet	jaune intense	jaune clair	jaune orange	jaune
Bleu d'indigo (teint au laboratoire de Zurich)	bleu	bleu clair	vert ou jaune pâle	bleu vert	bleu	bleu	bleu vert sale

BIBLIOGRAPHIE DU COTON

Sous ce titre, peut-être un peu prétentieux, de Bibliographie du coton, nous avons composé la nomenclature des quelques ouvrages que nous connaissons, et qui traitent à des points de vue différents la question du coton. Pour donner à cette liste plus d'ordre et de méthode, nous avons divisé les ouvrages en quatre classes; dans la première sont ceux qui s'occupent de l'histoire du coton et des questions générales qui s'y rapportent; dans la deuxième, sous la désignation de Partie économique, nous avons rangé les ouvrages de statistique, ceux traitant de la culture du cotonnier, de la production dans les diverses contrées, et de la question commerciale; la troisième classe est consacrée aux publications purement scientifiques, soit au point de vue botanique, soit au point de vue de la structure de la fibre; enfin, dans la quatrième classe, désignée sous le titre de Partie mécanique, sont exclusivement énumérés les traités de la filature du coton. Nous aurions pu donner à cette classe une extension beaucoup plus grande, en y comprenant également les traités de tissage et autres; mais nous nous serions trouvé entraîné ainsi à une bibliographie complète des arts du coton, que nous n'avions pas l'intention d'entreprendre et qui n'aurait pas eu de raison d'être dans cet ouvrage, étant donnés le caractère élémentaire et le cadre restreint des études qui le composent.

En somme, cette bibliographie n'est autre chose que la liste mise en ordre des livres que nous avons consultés et auxquels nous avons plus ou moins emprunté pour rédiger ces notes. En en publiant la nomenclature, nous entendons seulement indiquer au lecteur les sources où nous avons puisé, et auxquelles, grâce aux notes que nous y avons jointes, il pourra recourir avec plus de facilité et de sûreté que nous n'avons pu le faire nous-même.

PARTIE HISTORIQUE.

HISTOIRE. — QUESTIONS GÉNÉRALES.

E. BAINE. *History of the cotton manufacture in Great Britain;* London, 1835.

L'un des ouvrages classiques sur la matière ; décrit longuement et savamment l'histoire ancienne de la filature et donne aussi la description très exacte et complète des procédés de l'industrie cotonnière et de son importance commerciale en Angleterre au commencement du siècle.

J. DONNELL. *History of Cotton*, New-York, 1872.

Ouvrage de statistique renfermant, année par année, les détails de l'histoire de la production et de l'industrie du coton.

THE EXCHANGE. London, 1862.

Revue politique et coloniale ; contient quelques articles peu intéressants sur le coton et sur les crises du commerce cotonnier depuis 1790.

M^c. HENRY. *The cotton trade.* London, 1863.
Histoire très complète des premiers temps de la production du coton, de son influence sur la prospérité de l'Angleterre et des Etats-Unis. Fait au point de vue esclavagiste.

J. KENNEDY. *Miscellaneous papers.* Manchester, 1849.
Courte biographie de Crompton. Réflexions et souvenirs de jeunesse d'un vieux filateur de l'ancien Manchester.

PRENTICE KETTELL. *Southern Wealth et Northern Profits.* New-York, 1860.
Ouvrage politique donnant quelques statistiques sans intérêt sur la production et la manufacture du coton aux Etats-Unis.

Dr J. W.-MALLETT. *Cotton; the chemical, geological et meteorological conditions involved in its successful cultivation.* London, 1862.

O. MÉTEIL. *Rapport sur le commerce des cotons à Liverpool.* Rouen, 1875.

CH. NORDHOFF. *The cotton states in the spring and summer of 1875.* New-York, 1876.
Rapport d'un journaliste sur la condition politique et industrielle des États cotonniers en 1875. Ouvrage politique et sans intérêt pour l'étude du coton.

OLMSTED. *The cotton kingdom.* London, 1861.
Dédié à J. Stuart Mill. Récit humoristique d'un voyage à travers les États cotonniers.

Louis REYBAUD. *Le Coton, son régime, ses problèmes, son influence en Europe.* Paris, 1863.

Étude fort bien faite au point de vue littéraire, et qui n'est pas, du reste, exempte d'erreurs.

Spon's Encyclopedia. Contient deux articles intéressants, l'un sur la production, l'autre sur la manufacture du coton, et dans lesquels sont condensés, en quelques pages, les renseignements les plus utiles sur la question.

The Woollen, Worsted and Cotton Journal, vol. 1. London, 1854.

Le petit nombre d'articles qu'il contient sur le coton offre peu d'intérêt et est restreint aux discussions du moment.

Dans les journaux et revues nous ne pouvons mentionner tous les articles qui ont été publiés sur le coton, et dont un grand nombre, sans doute, mériteraient la lecture. Le plus souvent, ces articles envisagent la question à un point de vue dont l'intérêt est restreint à l'époque de la publication des articles. Nous nous contenterons de mentionner les trois journaux principaux qui, s'occupant presque exclusivement du coton, peuvent être considérés comme formant, chacun pour sa partie, un véritable traité spécial. C'est ainsi que *the Cotton Supply Reporter*, né au moment de la guerre d'Amérique, était l'organe de la *Cotton Supply Association*. Le but du journal était de mettre les membres au courant des efforts faits par l'Association pour encourager la culture du coton dans les différentes parties du monde. L'Inde anglaise attirait surtout alors l'attention des industriels anglais, et les articles qui lui sont consacrés sont des plus intéressants.

Le Coton. Directeur : J. BORAIN. Journal hebdomadaire, publié à Bruxelles, et où sont condensés les renseignements les plus précieux sur la production et le commerce du coton. Grâce à l'expérience consommée du directeur et à son indépendance, les industriels ont pu tirer de la lecture de ce journal la connaissance d'un grand nombre de faits jusqu'alors ignorés d'eux.

The Textile Manufacturer, publié à Manchester. Les services que rend *le Coton* pour la partie commerciale, le *Textile Manufacturer* les rend pour la partie industrielle. C'est l'un des journaux techniques le plus habilement dirigés qui existent, et nous comprendrions difficilement un manufacturier qui ne serait pas abonné à ces deux publications, comme aussi au *Textile Recorder*.

PARTIE ÉCONOMIQUE.

PRODUCTION DU COTON. — STATISTIQUE.

M[el] ALCAN. *Étude sur les arts textiles à l'Exposition de 1867*. Paris, 1868.

Contient quelques articles courts et sans intérêt sur la production du coton et sur le travail mécanique.

ATKINSON, l'un des économistes américains les plus distingués. A écrit dans différents journaux et revues des articles très estimés sur la question cotonnière.

R[t] BURN. *Statistics of the cotton trade*. London, 1847.

Ces statistiques sont mises sous forme de tableaux faciles à consulter.

J. BORAIN. *La culture du coton*. Bruxelles, 1875.

Décrit dans un style plein d'originalité les procédés de

culture du coton, et discute avec une connaissance approfondie de la matière le côté économique de la production.

CH. DUPIN. *Le Coton.* Fait partie des documents publiés à
la suite de l'Exposition universelle de Londres, en 1854.
Enquêtes parlementaires. Comptes-rendus officiels des
commissions instituées par le Parlement, soit lors des discussions des tarifs douaniers, soit lors des crises commerciales.

T. ELLISON. *A handbook of the cotton trade.* London, 1858.

Ouvrage très intéressant et le premier qui contienne
un ensemble de renseignements précis sur les pays de
production et de consommation du coton.

GANEVAL. *Le Coton; le monde industriel et commercial.* Lyon, 1881.

Revue commerciale ; l'article sur le coton contient peu
de renseignements.

E. GANIVET. *Recueil chronologique du coton depuis
1817 jusqu'en 1876,* et la suite jusqu'en 1882, comprenant le mouvement du coton au Havre, en France et
aux États-Unis, avec renseignements sur les récoltes.

A. HARDY. *Manuel du cultivateur de coton en Algérie.*
Paris, 1860.

HILGARD. *Sur la production du coton dans la Louisiane.*

Rapport publié en 1881 par le « Census Bureau »,
avec carte géologique.

JOEL. *Report on the products and industries of the
state of Georgia for 1882.*

Rapport fait par le consul anglais de Savannah. Fait partie de l'ensemble des rapports consulaires publiés chaque année sur les productions des divers consulats anglais.

DE LASTEYRIE. *Du cotonnier et de sa culture.* Paris, 1808.

Décrit les diverses espèces de cotonniers et a pour but d'en encourager la culture dans le sud de l'Europe, et dans le midi de la France en particulier. Ouvrage de valeur si l'on considère surtout sa date déjà ancienne.

LATHAM ALEXANDER et Cie. *Cotton movements and fluctuations.* New-York.

Recueil de statistiques sur le commerce du coton, à l'usage des négociants et courtiers.

J. B. LYMAN. *Cotton culture.* New-York, 1868.

Décrit les divers systèmes de culture usités aux Etats-Unis, et les différentes variétés de cotons.

MANN. *The cotton trade of Great Britain.* London, 1860.

Ouvrage estimé d'histoire et de statistique sur la production et l'industrie cotonnière et sur le commerce des produits manufacturés.

H. POULAIN. *Production du coton dans nos colonies.* Paris, 1863.

Ouvrage fait par un officier intelligent et pratique, dont les observations sur la production, les voies de communication et d'échanges dans nos colonies méritaient d'être sérieusement examinées.

Report on the growth of cotton in India. London, 1848.

Compte-rendu officiel des séances de la grande Commission d'enquête nommée par la Chambre des Communes pour examiner la production du coton dans l'Inde. Dépositions des témoins. Rapport et conclusions de la Commission.

Reports and Documents in regard to the culture and manufacture of Cotton, Wool, Raw silk and Indigo in India. London, 1836.

Résumé des expériences faites par l'E. I. Company pour améliorer la culture du coton dans l'Inde.

Dr FORBES ROYLE. *The culture of cotton in India*. London, 1851.

Ouvrage magistral qui doit être dans les mains de quiconque s'occupe du coton.

J.-B. SHEPPERSON. *Cotton facts*. New-York.

Recueil annuel de statistiques sur la production et le commerce du coton. C'est l'une des compilations les plus complètes et les plus utiles que nous connaissions.

SICARD. *Guide pratique de la culture du coton*. Paris, 1866.

Ouvrage élémentaire s'appliquant uniquement à la culture dans le midi de la France et dans l'Algérie.

SPENCER. *Money, corn and cotton*. Manchester, 1850.

Tableau synoptique montrant les prix simultanés, depuis 1836, de ces trois matières premières.

J. VALLIER. *Manuel du planteur de coton*. Paris, 1860.

L'auteur s'occupe exclusivement de la culture du coton en Algérie.

Dr FORBES WATSON. *Report on cotton gins*. London, 1879.

Résumé très complet en deux gros volumes des expé-

riences faites à Manchester et dans l'Inde pour déterminer le meilleur système d'égreneuses applicable en particulier au coton de l'Inde.

Dr FORBES WATSON. *On the chief fibre-yielding plants
of India. The Journal of the Society of Arts,* 1860.

Donne dans des diagrammes assez bizarrement disposés l'importance du commerce du coton relativement à
celui des autres fibres.

WHEELER. *A handbook to the cotton cultivation in the
Madras presidency.* Madras, 1862.

Historique et description de la culture du coton dans
les principaux districts de la présidence de Madras.

X.... *Cotton as an element of industry.*

X.... *Cotton from the pod to the factory.* London, 1842.

QUATREMÈRE-DISJONVAL. *Essais sur les caractères qui
distinguent les cotons des diverses parties du monde.*
Paris, 1784.

Ouvrage couronné par l'Académie des Sciences le
21 avril 1784.

PARTIE SCIENTIFIQUE.

BOTANIQUE. — STUCTURE DE LA FIBRE.

J. BOWMAN. *The structure of the cotton fibre.* Manchester, 1881.

Cet ouvrage est celui d'un praticien et d'un savant;
c'est l'exposé le plus complet de nos connaissances actuelles sur le coton. Nous lui avons fait de nombreux
emprunts, et nous le considérons comme un livre classique.

Crace Calvert. *On the action of organic acids on cotton and flax fibres*. Edimburg, *New Philosophical Journal*, 1855.

L'un des premiers essais de microchimie du coton. A été traduit et discuté par M. Dollfus dans le Bulletin de la Société Industrielle de Mulhouse.

W. Crum. *On the manner in which Cotton unites with colouring matter*. *Proceedings of the Philosophical Society*. Glasgow, 1843.

On a peculiar fibre of cotton, which is incapable of being dyed. Glascow, 1843.

Ce sont aussi les premiers travaux originaux sur la micrographie du coton, en même temps que l'exposition par l'auteur de sa théorie mécanique de la teinture des fibres.

Davis, Dreyfus et Holland. *Sizing and mildew in cotton goods*. Manchester, 1880.

S'adresse surtout aux tisseurs, mais le chapitre relatif au coton contient le résultat de plusieurs recherches propres aux auteurs.

Rev. H. Higghins. *On the microscopic characters of cotton*. *Proceedings of the Lit. and Phil. Society of Liverpool*. London et Liverpool, 1872.

Etude très intéressante faite par un micrographe expérimenté ; elle est ornée de 12 photographies de fibres, à un grossissement de 62 diamètres.

D' Maxwell Masters. *On a new species of gossypium from East Tropical Africa*. *The Journal of the Linnæan Society*. London, 1882.

Ajoute peu de connaissances pratiques aux notions

déjà peu claires que l'on a sur la culture du cotonnier en Afrique.

Ch. O'Neill. *Experiments and observations upon Cotton.* London, 1865.

Résumé des expériences faites par l'auteur sur la longueur et la force des fibres.

Ch. O'Neill. *On an apparatus for measuring tensile strength especially of fibres.* London, 1865.

Décrit l'appareil employé pour mesurer la résistance à la rupture des fibres du coton.

Ch. O'Neill. *A Dictionary of calico printing et dyeing.* London, 1862.

Les ouvrages de M. O'Neill ont surtout trait à la chimie ; dans le présent, l'auteur expose en plusieurs articles les principaux traits de la chimie du coton.

F. Parlatore. *Le Specie dei Cotoni.* Firenze, 1866.

Monographie du cotonnier au point de vue de la classification botanique, avec un atlas richement chromolithographié. Nous paraît se rapporter surtout aux cotonniers d'Italie.

Dr G. Pennetier. *Leçons sur les matières premières.* Paris.

Le chapitre consacré au coton est l'une des monographies les plus complètes et les plus substantielles qui existent sur le sujet. Nous n'en saurions trop recommander la lecture.

Dr Schlesinger. *Examen microscopique et microchimique des fibres textiles.* Paris, 1875.

Contient un tableau intéressant sur la microchimie des fibres teintes.

Dr E. Schunck. *On some constituents of cotton fibre.* London, 1868.

Décrit les analyses faites par l'auteur pour connaître la nature des divers corps qui constituent le coton, et dont plusieurs ont été découverts par lui.

On the colour of Nankin cotton. London, 1873.

D[r] Wm Thomson. *The sizing of cotton goods.* Manchester, 1875.

S'adresse surtout aux tisseurs, et ne contient sur les caractères physiques et chimiques du coton qu'un chapitre peu important.

A. Todaro. *Rapport sur la culture du cotonnier en Italie,* avec une monographie du cotonnier. Rome, 1877-78.

Rapport officiel fait en vue de l'exposition des cotons italiens à l'Exposition de Paris, en 1878. Décrit une trentaine d'espèces et est accompagné d'un atlas richement illustré.

Vétillart. *Etudes sur les fibres végétales textiles.* Paris, 1876.

Le chapitre du coton est précisément le moins complet. La seule chose à en retenir est l'application faite au coton du procédé de Schacht, dont M. Vétillart a fait le sien en le perfectionnant et le développant.

X.... *Vegetable fibres, Science gosssip.* Janv. 1866.

Donne un dessin de la forme des fibres du coton.

J.-H. Comstock. *Report upon cotton insects.* Washington, 1879.

Rapport officiel comprenant : l'entomologie des insectes qui attaquent le cotonnier, les moyens employés pour les combattre, et une bibliographie avec remarques et notes de tous les ouvrages (91) qui ont traité précédemment des insectes du cotonnier.

PARTIE MÉCANIQUE.

FILATURE.

M^{el} ALCAN. *Traité de la filature du coton et atlas.* Paris, 1875.

Cet ouvrage, moins complet que celui d'Evan Leigh quant à la partie descriptive, l'est davantage, au contraire, quant à la partie théorique ; c'est l'œuvre d'un professeur, et si, dans la dernière partie, il laisse à désirer pour le filateur, précisément en vue duquel il a dû être écrit, en revanche, dans la première, il contient des études savantes sur les origines et la production du coton et sur son développement commercial.

R. BAIRD. *The american cotton spinner.* Philadelphie, 1882.

Traité élémentaire de filature.

BUTTERWORTH. *Cotton and its treatment.* Manchester, 1881.

Résumé de trois conférences faites aux ouvriers d'Oldam par un ancien ouvrier devenu micrographe, et dont les idées, si elles ne sont pas toujours justes, surtout en ce qui concerne la partie micrographique, méritent au moins l'examen dû aux opinions d'un praticien habile et sérieux.

J. Cheetham. *The complete guide to self acting mules.*
Manchester et London, 1884.

Petit manuel élémentaire.

Colleys. *Pocket manual for mechanics, carders, cotton spinners and managers.*

Petit manuel élémentaire.

G. Dodd. *The textile manufactures of Great Britain.* London, 1884.

Le premier article est consacré au coton et décrit en détail les opérations de la filature, du tissage et de l'impression.

D. Drapier. *Cours pratique et complet de la filature du coton.* Rouen, 1854.

La moitié seulement de l'ouvrage est consacrée à un exposé peu clair des opérations de la filature. Il a été reproduit en entier sous une autre forme par l'Encyclopédie Roret.

P. Dupont. *Filature du Coton.* Paris, 1881.

Aide-mémoire pratique à l'usage des directeurs et contre-maîtres. Il est à regretter que l'auteur ne l'ait pas fait plus complet.

Edward's. *Spinner's Guide.* Manchester et London.

Petit manuel élémentaire.

Foley. *Cotton Manufacturer's assistant.*

Geldard. *Handbook on cotton manufacture.* New-York, 1867.

Traité très élémentaire.

James Hyde. *The science of cotton spinning.* Manchester.

Ouvrage succinct et pratique, donnant, par tableaux,

les numéros de préparation admis pour les filés ordinaires, mi-fins et fins.

Le Blanc. *Système complet de la filature du coton usité en Angleterre et importé en France par la Compagnie établie à Ourscamp, près Compiègne, et atlas.* Paris, 1828.

Lecouteulx de Canteleu, député de Rouen. *Mémoire sur la filature et la fabrication du coton en Angleterre.* Paris, 1790.

Evan Leigh. *The science of modern cotton spinning*, 2 vol. Manchester, 1877.

Ces deux volumes, superbement reliés et illustrés, forment un traité complet de la filature du coton. Ils en décrivent toutes les machines, avec une explication simple et claire, mais sans aucuns calculs.

Holland's. *Cotton spinner's guide and manager's assistant.* Manchester et London.

Exposition élémentaire des calculs de la filature.

Kershaw's. *Practical cotton spinning.* Manchester et London.

Petit traité élémentaire de filature.

Leigh's. *Practical cotton spinner.* Manchester et London.

Ouvrage élémentaire.

R. Marsden. *Cotton spinning.* London, 1884.

Traité théorique et pratique de la filature ; c'est l'ouvrage le plus nouveau et le plus complet que possède aujourd'hui la littérature technique anglaise sur la filature du coton.

J. Montgomery. *The carding and spinning assistant.* Glasgow, 1832.

C'est le livre d'un praticien, et il donne de sages conseils que l'on peut lire encore aujourd'hui avec profit.

Moss. *Manufacturer's guide.* Manchester, 1848.

Petit ouvrage élémentaire et pratique.

Oger. *Traité élémentaire de la filature du coton.* Mulhouse, 1839.

Traité très complet, étant donné le temps où il parut. Il explique le calcul et le réglage des machines, les préparations et la manière de conduire une filature.

Prestwich. *The young man's assistant to cotton spinning.* London, 1883.

Petit ouvrage élémentaire et pratique.

Scott. *Practical cotton spinner.* London, 1865.

Résumé de tous les calculs de transmissions et d'organes de mouvement dans les machines de filature.

A. Ure. *The cotton manufacture of Great Britain.* London, 1861.

Traité didactique et le plus complet qui ait été écrit sur le coton. Il serait à souhaiter qu'une plume autorisée refit cette œuvre magistrale en l'adaptant aux connaissances modernes et aux transformations qu'a subies l'industrie par l'invention des machines nouvelles.

E. Stamm. *Traité théorique et pratique des métiers à filer automates dits « Self-acting ».* Paris et Mulhouse, 1861.

A. Ure. *The philosophy of manufactures.* London, 1861.

Examine le côté scientifique, moral et commercial de l'industrie moderne; contient la première étude raisonnée de micrographie du coton, ainsi que l'analyse chimique et la détermination de la densité des fibres.

La première édition a été traduite en français en 1836, chez L. Mathias.

F. VAUTIER. *L'Art du filateur de coton*. Paris, 1821.

Ouvrage d'un praticien, intéressant à consulter.

J. WATTS. *Cotton; British manufacturing industries edited by Bevan*. London, 1877.

Classification du cotonnier. Description avec gravures des machines de filature.

WALMSLEY. *Cotton spinning, a practical Treatise*. London, 1883.

Ouvrage élémentaire.

COUT DU COTON AU PLANTEUR EN 1883-1884

Nous avons donné, à la page 35, le tableau du rendement d'une plantation de 150 acres exclusivement consacrée au coton. D'après l'auteur de ce tableau, le prix de revient serait de 5 11/16 c. et rendu à Liverpool de 4 7/16 d. Dans ses *Cotton Facts* de septembre 1884, M. Shepperson publie le tableau de rendement d'une plantation consacrée à des récoltes alternatives de grains et de coton. Nous croyons donc intéressant de compléter les renseignements donnés dans notre texte par les chiffres du planteur américain M. Lovell. Nous suivons la traduction de M. Borain dans *le Coton* du 1er décembre 1884.

1883

Janvier 15.	Déblayage	Dollars	25.35
—	Réparation des ustensiles	—	12.45
Février 23.	Idem	—	17.80
—	Labourage......................	—	266.35
Mars 26.	Ensemencement du maïs	—	147.25
—	Réparation des ustensiles.........	—	19.55
—	Engrais	—	39.65
Avril 30.	Culture du maïs	—	283.75
—	Réparation des instruments.......	—	22.50
Mai 28.	Idem	—	11.20
—	Plantation du coton	—	312.00
Juin 30.	Culture du coton................	—	308.85
Juillet 16.	Idem	—	219.95

—	Réparation des instruments.......	—	17.85
Août 23.	Culture du coton................	—	352.10
Septembre 24.	Pour cueillir le coton, le maïs, etc.	—	847.90
Octobre 29.	Idem	—	771.32
Novembre 19.	Idem	—	190.00
—	Egrenage de 142 balles de coton...	—	142.00
—	Emballage et cercles.............	—	213.00
Décembre 31.	Pour cueillir le coton............	—	275.20
—	Cordes, etc......................	—	37.68
1884			
Février 26.	Pour cueillir le coton............	—	76.15
—	Egrenage de 89 balles............	—	89.00
—	Emballage et cercles des 89 balles.	—	133.50

Dollars 4.892.35

A déduire :

Coût de la culture du maïs, des pois et de l'avoine .... Dollars	355.00	
Autres travaux................. —	201.75	
Nourriture................... —	138.90	

695.65

Dollars 4.196.70

A ajouter :

Détérioration des instruments . Dollars	100.00	
20 % de pertes les mules (D. 2,000) —	400.00	
Alimentation de 20 mules pendant dix mois .... —	1.000.00	
Appointements du surveillant . —	500.00	
Charrois de 231 balles......... —	23.00	
Assurance et réparation du gin —	65.00	
Fermage de 350 acres à D. 4.50 —	1.575.00	

3.663.20

Coût de la récolte du coton .... Dollars 7.859.90

Rendement :

231 balles, pesant 102,737 livres, reviennent par livre à 7 13/20 de cents.

Vendues par livre à........................... 9 4/5 —

La saison n'était pas favorable.

La récolte a donné 2,772 sacs de graines, dont 350 furent réservés au replantage. Le reste, 2,422 sacs, pesant 121 1/10 tonnes, a été vendu à D. 11.50 par tonne .... Dollars 1.392.65

A déduire :

Coût des sacs................ Dollars	48.44	
Charrois..................... —	36.33	
		84.77

Valeur nette des graines .... Dollars 1.307.88

Palmyra Plantation, Warren C°, Miss.
June 19th 1883.

(Signé Wm S. Lovell).

Le coût du coton, valeur des graines comprises, serait donc de 7 cents par livre. La différence que l'on remarque entre le prix de revient de l'auteur anglais et celui du planteur américain peut s'expliquer en partie par ce fait que le planteur n'a aucun intérêt à publier le chiffre exact de ses bénéfices. Celui qu'il reconnaît est déjà raisonnable. Entre le prix de revient de 7 c. et le prix de vente de 9 4/5 c., il y a place pour un bénéfice d'environ 28 0/0.

PLANTATIONS DE COTON

DANS LES DIX ÉTATS COTONIFÈRES DES ÉTATS-UNIS

———

Nous empruntons aux mêmes *Cotton Facts* de M. Shepperson (édition de septembre 1884) le tableau suivant, qui donne le nombre et la nature des plantations, et auquel se rapporte la note de la page 70.

	Cultivées par les propriétaires.	Cultivées en participation.	Cultivées en fermage.	Total en 1880.
Caroline du Nord	104.887	44.078	8.644	157.609
Caroline du Sud......	46.645	25.245	21.974	93.864
Géorgie..............	76.451	43.618	18.557	138.626
Floride..............	16.198	3.692	3.548	23.438
Alabama.............	72.215	40.761	22.888	135.864
Mississippi..........	57.214	27.118	17.440	101.772
Louisiane...........	31.280	10.337	6.669	48.292
Texas...............	108.716	53.379	12.089	174.184
Arkansas	65.245	19.272	9.916	94.433
Tennessee..........	108.454	37.930	19.266	165.650

Les *Cotton Facts* contiennent un grand nombre d'autres renseignements des plus utiles que nous ne pouvons nous permettre de reproduire ici, et que nous recommandons à toute personne engagée dans le commerce du coton.

———

TABLE DES MATIÈRES

PAGES.

PRÉFACE.

CHAPITRE Ier. — *Des caractères botaniques du Cotonnier.*
Des différentes classifications. Deux grandes familles de
Cotonniers : le Cotonnier asiatique et le Cotonnier américain. Caractères distinctifs de ces deux espèces. Multiplicité
des sortes indiennes. Variétés principales des sortes américaines. Cotonniers du Brésil et du Pérou................ 1

CHAPITRE II. — *De la culture du cotonnier.*
ZONE DU COTONNIER. — Conditions climatériques et géo-
logiques nécessaires à sa végétation. Influence des pluies,
de la gelée et du soleil. Différences dans les procédés de culture suivant les pays.
CULTURE AMÉRICAINE. — Labourage. Choix de la graine.
Ensemencement. Sarclages et émondages. Aspect des plantations au moment de la floraison.
PARASITES ET MALADIES DE LA PLANTE. — Cotton-worm et
boll-worm. Leur éclosion, leurs ravages, leurs transformations. Ennemis naturels des chenilles et remèdes employés
contre elles. Principales maladies : la rouille rouge et brune,
la gangrène sèche et le coton bleu.
CUEILLETTE ET ÉGRENAGE. — Description du travail de la
cueillette. Soins à donner au coton cueilli et triage des différentes qualités. Procédés divers. Avenir de la culture du
Cotonnier. Prix de revient. Description de l'égrenage et des
principales machines employées à cet effet. Essais d'égreneuses faits à Manchester et dans l'Inde. Importance capitale d'un bon égrenage. Emballage définitif et pressage des
balles 15

CHAPITRE III. — *De la production du Coton en Amérique.*
Origine de la culture aux États-Unis. Son importance
actuelle et les causes économiques de ce rapide développe-

ment. Conditions particulièrement favorables du climat, du sol et de la situation géographique des lieux de culture. Nature différente des terrains : uplands, bottom-lands et prairies.

Disposition de la culture suivant les États et récoltes obtenues par État et par acre. Poids variable des balles.

Examen détaillé de la production de chaque État et exportation des principaux ports.

Avenir de la culture américaine. Diminution des frais de production. Qualité supérieure des cotons américains. Utilisation des graines.. 45

CHAPITRE IV. — *De la production du Coton aux Indes.*

Caractères distinctifs du Coton indien et du Coton américain. Différences dans les procédés de culture dues aux différences de climat et de saisons. Influence des moussons.

Essais faits en vue, soit d'améliorer la fibre, soit de perfectionner la culture et l'égrenage. Conditions économiques et sociales particulièrement défavorables au progrès. Mauvaise administration des Anglais.

Importance de la culture du cotonnier aux Indes et exportations pour l'Europe. Nature des terrains cotonifères. Étude géographique des divers lieux de production.

Présidence du Bengale. Le littoral et les hautes terres. Principaux districts cotonniers. Exportations de Calcutta.

Présidence de Madras. Marche de la mousson. Climat et nature du sol. Principales sortes de coton.

Présidence de Bombay. Principaux districts cotonniers. Succès des graines américaines dans le Southern Mahratta. Culture pauvre et pénible dans le Punjab et le Sindh. Provinces centrales et procédés de culture propres à ce pays. Superficie des terrains consacrés au Coton. Exportations de Bombay.. 73

CHAPITRE V. — *De la production du Coton dans les autres parties du monde.*

ITALIE. — Décadence de la culture du coton dans ce pays. Principaux lieux de production. Sardaigne. Iles de Malte et de Chypre.

TURQUIE, ASIE-MINEURE. — Faible importance de la récolte malgré les conditions favorables du climat et du sol. Principaux districts cotonniers.

ÉGYPTE. — Importance de la production diminuée par la

condition misérable du pays. Procédés particuliers de culture.

ALGÉRIE. — Importance, puis disparition graduelle des plantations. Culture du cotonnier sur le continent africain. Ile Bourbon. Description de la plante. Production dans les contrées de l'Asie centrale, en Chine et au Japon, dans les îles océaniennes

Cotons de l'Amérique centrale et des Antilles.

BRÉSIL et PÉROU. — Des différentes variétés cultivées au Brésil. Nature particulière du climat du Pérou. Trois variétés de Coton péruvien. — Conclusion.............. 105

CHAPITRE VI. — *De la structure de la fibre.*

Description de la capsule du Cotonnier. Formation de la paroi cellulaire de la fibre. Cavité centrale. Sucs de la graine. Formation des couches d'accroissement, vrilles et contournements de la fibre. Influence de l'air et de la lumière. Séparation de la fibre d'avec la graine par l'égrenage. Apparence diverse des fibres du coton suivant leur maturité. Fibres mûres, à demi-mûres et non mûres ou coton-mort. Coton sauvage, disposition en spirale des dépôts secondaires. Structure des fibres en général.................... 135

CHAPITRE VII. — *Des différents caractères des fibres et de leurs variations.*

Différences entre fibres de la même origine, prises sur la même plante, entre cotons récoltés pendant des années différentes, entre cotons d'origine et de provenance différentes. Différences entre les graines. Le degré plus ou moins grand de maturité, invisible à la filature, est appréciable à la teinture. Aspect des fibres au microscope, suivant qu'elles sont plus ou moins complètement formées. Importance des vrilles.

Caractères généraux des principaux Cotons du commerce. 141

CHAPITRE VIII. — *De la mesure des fibres et de leurs propriétés physiques et chimiques.*

Principales qualités demandées aux Cotons du commerce. Peuvent-elles être déterminées scientifiquement?

Longueur des fibres. Recherches d'Alcan, d'Evan Leigh, de Ch. O'Neill et de l'auteur. Tableau des longueurs. Diamètre des fibres. Recherches d'Alcan, d'Evan Leigh, de Mitchell et de l'auteur. Tableau des diamètres. Ténacité des fibres et résistance à la rupture. Description de l'appareil de O'Neill. Tableau des résistances.

Rapports et proportions de ces différentes propriétés entre elles.

Etat hygrométrique du Coton. Vaporisage des fils. Conditionnement.

Densité et sa détermination par le Dr Ure.

Propriétés chimiques. Action sur le Coton de l'air sec ou humide, ou chargé de gaz. Action des acides organiques d'après le Dr Crace Calvert. Action du chlore, de la chaux, des alcalis, des bases caustiques. Mercerisation. Action des acides sulfurique et azotique. Coton-poudre............... 157

CHAPITRE IX. — *Analyse du Coton.*

La fibre est surtout constituée par la cellulose. Composition de la cellulose. Eau de constitution. Recherches de Persoz. Détermination par le Dr Schunck de la présence dans le coton, d'une cire particulière, d'un acide gras et de substances minérales. Dosage par MM. Davis, Dreyfus, Holland, de la matière azotée contenue dans le Coton.

Différentes analyses de la cendre du coton. Pourcentage des matières minérales et du sable dans le Coton du commerce.. 193

CHAPITRE X. — *De l'étude micrographique de la fibre.*

Utilité du microscope pour l'étude des fibres textiles. Indications générales pour cet emploi spécial du microscope : grossissements, liquides-milieux, mise au point et éclairage. Etude des coupes.

Désignation des principaux réactifs et leur action sur les fibres. Description de l'action de l'ammoniure de cuivre. Examen micro-chimique des cotons teints................. 209

CHAPITRE XI. — *Bibliographie du Coton.*

Indication des titres des ouvrages traitant ce qui a rapport au Coton, avec l'appréciation de l'auteur sur le contenu de chaque ouvrage. Pour l'ordre et la clarté, ils sont divisés en quatre classes ayant pour titres : Parties historique, économique, scientifique et mécanique........ 223

ERRATA.

Page 11, ligne 20, *au lieu de* « Cuba Vigne Cotton, » *lire* « Cuba Vine Cotton. »

Page 37, ligne 6, *au lieu de* « fibre, » *lire* « scie. »

Page 48, ligne 11, *au lieu de* « tranformation, » *lire* « transformation. »

Page 81, ligne 8, *au lieu de* « Sinah, » *lire* « Sindh. »

Page 113, ligne 18, *au lieu de* « 4 doll. 1/2, » *lire* « 4 den. 1/2. »

ROUEN

IMPRIMERIE DE ESPÉRANCE CAGNIARD

88, rue Jeanne-Darc

www.ingramcontent.com/pod-product-compliance
Ingram Content Group UK Ltd.
Pitfield, Milton Keynes, MK11 3LW, UK
UKHW021852070726
13613UKWH00001B/121